人生护城河

如何建立自己真正的优势

张 辉（@辉哥奇谭） 著

人民邮电出版社

北 京

图书在版编目（CIP）数据

人生护城河：如何建立自己真正的优势 / 张辉著
. -- 北京：人民邮电出版社，2019.7
ISBN 978-7-115-51216-1

Ⅰ．①人… Ⅱ．①张… Ⅲ．①人生哲学－通俗读物
Ⅳ．①B821-49

中国版本图书馆CIP数据核字(2019)第083872号

♦ 著　　　　张　辉（@辉哥奇谭）
　　责任编辑　马　霞
　　责任印制　周昇亮

♦ 人民邮电出版社出版发行　　北京市丰台区成寿寺路11号
　邮编　100164　　电子邮件　315@ptpress.com.cn
　网址　http://www.ptpress.com.cn
　北京天宇星印刷厂印刷

♦ 开本：880×1230　1/32
　印张：9.75　　　　　　　　2019年7月第1版
　字数：217千字　　　　　　2025年6月北京第24次印刷

定价：59.80元

读者服务热线：(010)81055296　印装质量热线：(010)81055316
反盗版热线：(010)81055315

我在刚开始学车的时候，曾碰到过一个很神奇的出租车司机，他在中关村大街上把车子开得飞快（当然，还是在限速之内），我当时很惊讶他为什么能在拥挤的大街上，在很窄的车道内游刃有余，他说自己经常参加地下赛车。他练习的方法就是不断地在自己的脑子里"过电影"，就是在脑子里预演各种场景，比如突然碰到行人窜出来怎么办，突然碰到前车刹车怎么办，突然碰到右方车辆并线怎么办。

开始预演这些很累，但是养成习惯之后，他就不怕各种意外了，因为这些意外在他的脑子里都演过无数次了，自己已有成熟的应对方案。

这就是一种不断否定自己的例子。

我在一开始非常醉心于"I have an idea"（我有一个想法）的感觉，后来觉得不行。Idea is cheap（只有想法是不行的），我必须学会否定自己的想法。所以，每次我郑重地提出一个想法，其背后都有很多次否定，只有经得起自己否定的想法，才是真正有价值的想法。

又如写作，我每天随时记录自己的想法，把可以写的主题列出来。但是真正在写的时候，我会十里挑一，把其他九个都否定掉。

（2）向厉害的人学习，阅读经典图书。

也许我们身边不会经常有厉害的人，而且厉害的人也不见得有那么多时间和你在一起。更重要的是，厉害的人未必会主动总结和分享自己的思维方式。幸好我们还有书。

这个世界上，对你而言真正值得去看的书只有1%，而这1%中，最重要的是大师的作品。书有一个好处：不仅有结论，有例证，还有思维方式的总结。

所以，你可以列出 3～5 本你喜欢的大师的作品，深入研读，把其中的思维方式拿出来，模仿学习。

（3）不断实践，形成自己的思维框架。

所有的学习最终都是为了实践，没有实践，就无从学习。而为了培养自己的洞察力，就需要形成自己的思维框架。

思维框架的构成如下。

（1）基本的理念。比如打游戏，你是想消磨时间，是为了赢，还是为了虚荣？

（2）基本的思考倾向，比如逆向思考。

（3）思维模式。建筑有建筑的模式，编程有编程的模式，思考也有思考的模式。比如战略思考、竞争分析，都有固定的套路，可以先从固定的套路开始学习，然后找出那些最适合自己的套路。

序言

其实我是不敢称自己为人生导师的，我只是希望把自己这一路走来的经历和感悟记录下来，与诸位分享，如若其中一两节内容或者某段话给你一些启发，对你未来的生活产生一定影响，那么我会非常开心。这并非过分谦虚，因为我看过很多书，能给我留下深刻印象的书其实不多，值得我反复去看的书更少。一本书之所以被我记住，全然在于其中有只言片语提醒了我，不经意间改变了我的人生轨迹，我对这种书感激涕零。如果我的书和部分读者产生了这样的缘分，那真是我人生的一大幸事。这会激励我继续写下去，不断与诸位分享。

为什么会有这本书？10年前，我在《程序员》杂志发表了一篇回顾自己毕业10年经历的文章，有出版人看到此文，就约我希望出一本书。无奈我当时并没有太多积累，几经折腾，最后放弃。但自那之后，我内心中偶尔会觉得：人生有机会还是要出本书的。之后的岁月里，我依次经历了感情危机、财务危机和职业危机。经历这些危机时，我的人生陷入了巨大痛苦中。后来，我一点点爬出来。这个过程回过头来看却是值得庆幸的：若不是这些危机，我哪里知道自己有什么问题，该从什么地方去提高？可以说，正是这些巨大的人生危机给了我今天的精神财富和物质财富。

我有写作的爱好。说是爱好，其实有点惭愧，从 2000 年大学毕业到 2016 年期间，我所写的所有文章加起来也凑不齐百篇。但我的特点是，越到人生危难的时候我越喜欢写作，写作仿佛是一种灵丹妙药，总是救我于各种苦难之中。

35 岁时所遭遇的危机给我带来了巨大的焦虑。这次焦虑持续一年有余，彻底改变了我的人生轨迹。我开始运营微信公众号"改变自己"，并且在 2015 年建立了一个原创微信公众号"辉哥奇谭"。回顾当初，运营公众号就是为了能记录自己的心声，不为流量，不为利益，就为自己。

刚开始运营时打算围绕投资理财的主题写，没写多久，正好碰上股价腾飞，股市红火，我的写作热情高涨。但是好景不长，2015 年初夏，股市上下起伏，最后轰然落地，我的微信公众号更新也戛然而止。2016 年 9 月，又有一些不顺心的事情刺激了我，我决定恢复公众号更新。重启写作的第一篇文章折腾了我四五天，写完之后觉得真是痛苦极了，这样的文章丑陋极了，真是不堪入目。但最后还是克服了内心的障碍，把文章发了出去。结果文章被数百个微信公众号转载，给我带来了 5 000 多名粉丝。我这才发现，我们写作的最大障碍并非技巧不够，而是我们内心对自己的否定。

后来我写作的频率越来越高，从两周一篇、一周一篇，到一周两三篇。在 2017 年工作最忙碌的时候，我碰巧在一个小长假连续写了三篇,当我写第四篇的时候就在想,何不立个"flag"——连续日更 100 天? 这次日更计划不仅改变了我的写作习惯,更改变了我的人生。

那次日更的起点是我在职场最辛苦、最艰难的一段时间。那段时间我每天的睡眠时间不足 6 小时,每天早晨爬起来要在 7 点多赶到 20 千米之外的公司,每天晚上 10 点多到家之后,还要处理工作。就是在这样的情况下,我依然利用极为有限的个人时间,坚持写作。这种坚持给了我一根"吸管",让我能呼吸到外面的新鲜空气,也让我明白,尽管工作辛苦,但生活依然在我掌握之中,我并不因为外界的压力而放弃做自己。

当我完成第一个 100 天日更计划之后,我在 2018 年元旦开始继续日更挑战,这次挑战是连续日更 365 天,写下这篇序言的时候,我已经连续日更 400 多天了。2018 年开始,从职业到个人生活,我的一切都在好转,我必须把这种状态归功于坚持自我的态度和行为,而坚持日更则是坚持自我的日常动力来源。

从我第一次有了写书的念头,到现在写序,有 8 年时间。期间经历了很多坎坷,虽然站在历史长河的角度来看,实在是微不足道,但是也把我折腾得够呛。通过记录下来的文字,我发现这 8 年时间我的快乐多于痛苦,成长多于消沉。如果不是有这些文字记载,我很难相信这样的话不是在麻痹自己。

希望我的记录能让大家体会到人生的痛苦和快乐往往是相关的,但不见得是相伴的。改变 100 万人的生活态度,是我的毕生追求。希望这本书,能帮我完成 1% 的心愿。

最后,借此书出版,特别感谢我的爱人和父母;感谢饶宏、李明远、陆奇、李想；感谢帮助此书出版的出版人姚新军和他的团队。感谢我所有的读者，与你们互动给了我无尽的灵感和不竭的动力 —— 这是一本活着的书，也是一本不断更新的书。

感谢每一个我没有提及名字但在成长道路上帮助过我的贵人。

目 录

第一章　人生有限公司

大部分人辛苦一辈子，依然与财务自由无缘，根本原因不在于他们不幸运、不努力，而在于他们选择了错误的"人生商业模式"。

人生商战

人生定位

终局思考力

第二章　三种收入才稳固

我们天生习惯一份收入，因为既安心，又轻松。这是人的惰性所致。但随着年龄的增长，你会突然有一天警醒，为自己只有一份收入而担心和焦虑，为什么？

价值投资

"八小时"之外的平行人生

工作历练

第三章　活出真我

乐观者认为人的每一天都是新生，而悲观者则认为人的每一天都更接近死亡。到底哪个是真理？其实每个角度都自有其道理。人生迟早会输，会向命运认输，但别那么早地投降。

第三空间：让心成长

活出自己的精彩

升维思考

第四章　连接今日与未来

其实对你人生重要的一切事情，都可以从持续写作的过程中得到启发。你需要认可这件事情对你人生的重要意义，通过日复一日的坚持，逐步提高技能，最终发现超越辛苦的乐趣。在不断强化的正向激励之下，把这种活动内化成自己的生活之必需，从而超越坚持。

正视自己

复盘机制：如何把每一次意外和跌倒都当成机会

第五章　多维人生，多重喜悦

希望、乐趣、意义都是奢侈品，是必须到达一个阶段我们才可以去大胆追求的东西吗？还是说希望、乐趣和意义是我们每日生活的必需品，我们像离不开空气和水一样离不开这些东西？

第六章　辉友问答

木心曾经说过"希望出现希望"，从你的故事中，我看到了希望。

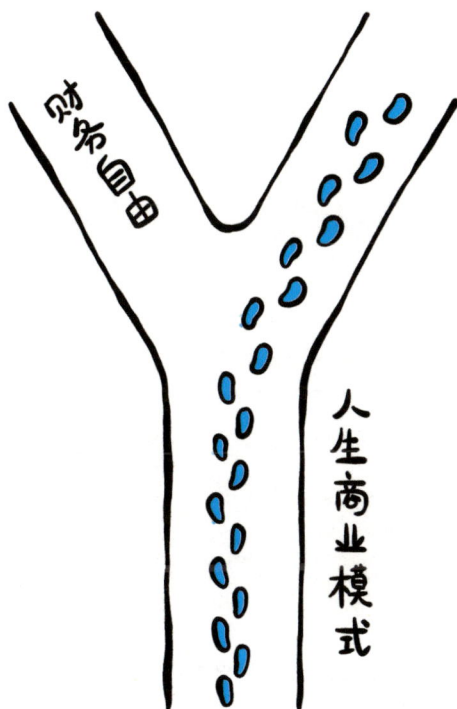

财务自由

人生商业模式

第一章

人生有限公司

大部分人辛苦一辈子，依然与财务自由无缘，根本原因不在于他们不幸运、不努力，而在于他们选择了错误的"人生商业模式"。

人生商战

把自己视为一家公司，则商业思维可以启发我们的人生之路。如同一家公司，我们个人也需要有愿景、战略、价值观、商业模式、竞争策略，并致力于打造自己的"护城河"。

"人生商业模式"决定人生终局

如果把自己比作一家公司，你是否能实现"永续经营"？

如果每个人都是一家公司，那么我们可以用"终局"思维去看：人和人的最终差别体现在表面，比如影响力、财富、健康，但其根源在于深层次的原因。其中最深层次的原因就包括各自"人生商业模式"的差异。

在讲"人生商业模式"之前，先来简单地定义一下"商业模式"。商业模式说复杂了，可以写一本书，比如入门图书《商业模式新生代》，说简单了，就是"挣钱模式"。比如搜索引擎公司，目前最主要的商业模式为"搜索广告"，这部分收入占据公司收入的大部分；又如手机网络游戏公司，其主要商业模式可能是"道具收费"，而非按照单机版收取一次性的购买费用。最赚钱的行业之一银行的主要商业模式是赚取存单利差；保险公司一般的商业模式是利用保费作为浮存金来投资理财；基金公司的商业模式是赚取佣金；影视明星的主要商业模式可能是广告代言费和片酬；作家的商业模式一般是版税；而我们大多数人的商业模式是"出卖时间"或"出卖技能"。

商业模式为何重要？一个没有商业模式的项目是做不长久的；一个没有明确商业模式的公司很难生存，即使侥幸得以生存，也无法维持太久，更别提占据竞争优势；一个没有明确商业模式的个体是不具备超出平均值的竞争力的，也无法拿到让自己满意的经济回报。

可以这样说，良好的商业模式是高经济回报的前提，也是帮助个体从竞争中脱颖而出的关键。而个体一旦能深入地理解商业模式这个概念，就能更加清楚地规划自己的职业道路，正确无误地做出人生选择。

人生商业模式大体上可分为四种：第一，无杠杆卖时间，即单位时间只能卖一次，且只能卖给一个人，公司的雇员和小企业主（包含小型淘宝店家）一般属于这一类；第二，有杠杆卖时间，即单位时间可以卖多次，且可以卖给多人，卖出的份数和客户数与杠杆比例相关，杠杆比例基本受制于其个人品牌，艺术家一般属于这一类；第三，花钱买时间，真正的企业家属于这一类，他们获利的秘密在于"他人的时间和他人的金钱"，这就是企业家借贷和雇人的致富秘密；第四，花钱买"厉害的人"的时间，价值投资者则属于这一类。

第一种	第二种
无杠杆卖时间	**有杠杆卖时间**

第三种	第四种
花钱买时间	**花钱买"厉害的人"的时间**

大部分人辛苦一辈子，依然与财务自由无缘，根本原因不在于他们不幸运、不努力，而在于他们选择了错误的人生商业模式——无杠杆卖时间，即被雇佣。"上个好大学，找份好工作，安安稳稳工作一辈子"，这是很多父母对子女的期望，也是很多年轻人一开始就选择的道路，但这样的大众之选有很多问题。

第一，看不到财务自由的希望，除了想方设法去挣更多的工资，没有其他出路。每个月都陷入"等发薪日"的状态，所在公司可能已经很出名了，自己的努力程度也足够，但就是攒不下太多钱，家里可称为"资产"的也不多。

第二，所有工作选择都必须以"涨工资"为第一标准，无论是在公司内调整还是出去寻找机会。然而，随着年龄渐长，年薪渐高，能"继续涨工资"的工作机会越来越少。自己无力改变环境，但因为离不开这份薪水只能无奈地待在原地，放弃去追求自己真正的理想。

第三，在兴趣爱好上的投入捉襟见肘，虽然家人可能很支持自己发展兴趣，但是每次拿出一大笔钱来购买相机、电脑以及其他电子产品时，还是有一些歉疚感。所以更多的时候都是压抑自己这方面的欲望，到最后则慢慢放弃了兴趣爱好本身。

一门心思挣工资的发展道路会让人在30～40岁陷入严重焦虑，这个年龄段的焦虑主要来自职业发展的"停滞"和对自己财务状况的担心。虽然很多人可能一直拿着相对不错的"高薪"，但是整个家庭的财务状况还是惨不忍睹，资产很少，存款也寥寥无几。

你可能会问"钱去哪里了？"，而真相是：收入项只有一份工资，但是支出项数不清。我们把日常生活开销和一些大型消费累加在一起就会发现，工资的确只够支付这些支出。如果不刻意控制支出，就不可能有更多的结余。但是，严控支出的感觉非常差，这就像为了减肥而过分限制进食。

问题在于，我们发现自己工作已经很努力了，所在公司也不错，收入从账面上看也不少，但毕业十几年后，还是很有可能过着"每月等工资入账"的生活。

这条看起来不错的康庄大道，走到后来却拥挤不堪，无比凶险。

很多人会默认选择"被雇佣"这种人生商业模式的原因无外乎以下几点：

第一，家庭因素。家人希望你一辈子平平安安，不用大富大贵，只要过好小日子就好。一般工薪家庭的子女，天然会选择这种模式。家庭熏陶、从小耳濡目染比基因的力量还强大。

第二，个人因素。人生而短视，寻求安全感，喜欢短期回报，喜欢算得清楚的账，所以成为某公司尤其是大公司、著名公司的雇员是很多人一生的愿望和追求。

第三，社会因素。无论是学校还是社会大环境，给你铺垫的第一选择都是寻求"被雇佣"。学校的专业按照社会上的热门就业趋势设置，无法找到好工作的学科被认为是无用的学科，少有人选择，在学校也得不到重视。你还没有走入社会，就知道户口、房子、社会保险的重要性。被雇佣，是最简单的获得"身份"和这些保障的途径。

第四，未知因素。无论是成为艺术家、企业家还是投资者，都是更难的选择，缺少标准的通路，前途未知，而且在早期回报极少，让人煎熬。

上述四方面的因素，促使普通人更偏向选择"被雇佣"的模式。

在经历了 5 年前的焦虑之后，我认识到"被雇佣"的模式其实是一个凶险的、天花板很低的、越做越难且越走越窄的模式。所以在克服焦虑的同时，我开始另辟蹊径。

做微信公众号，坚持写作，是让自己像艺术家那样去生存；把几乎所有闲钱都投资股票，是希望自己成为一个投资者；在工作中更加追求成为一个"合伙人"、一个合作者，并以这种心态对待老板、同事和客户。因为这样的转变，我的路越来越宽，人生的支撑点和对外的连接点也越来越多。

比如一位大企业的老板在一次会议上和我加了微信，有一天他突然对我说："我很喜欢你的朋友圈内容，我是你的粉丝。"这让我开心不已，当然，这样的事情其实已经多次发生。很多本来是生意场上仅一面之缘的客户，后来因为我鲜活的朋友圈内容而成为我的粉丝和生活中的朋友。大家愿意和我分享更多内心的想法。

再如年会上很多我不那么熟悉甚至不认识的同事拉着我喝酒，他们的第一句话都是："辉哥，我很喜欢你写的内容。"原来很多同事不知道什么时候已成为我微信公众号的读者，每天看我的公众号内容，还不断地给我留言，探讨投资、职业发展和产品问题。

从单一的雇员，到成为艺术家、企业家以及投资者的过程并非一蹴而就的，突变几乎是不可能的，而且即使发生一般都不是好事，而是源于外力的压迫。但是，只要你从内心认识到："被雇佣"是一条越走越难、越走越窄、越走你的竞争对手越多（相对于机会）、越走收益与风险越不成正比的道路，你就应该放弃被雇佣的执念，选择其他三条康庄大道中的至少一条。

当你的意识发生根本改变，即使表面上还是做雇员，但是内心深处和行动方面，都可以向"合伙人"去转变，自己的心态会越来越积极，也会越来越"不唯上"。你会更加在意客户、组员的满意度。

对很多人而言，必须在"雇员"之外再选一种商业模式，即在"艺术家"、"企业主"和"投资者"中做一个选择，并重点投入。这个选择毫无疑问会决定你未来十年甚至更远的人生。

祝大家早日觉醒！

警惕竞争

有一天中午，我去家附近的奥特莱斯，越靠近商场车速越慢，到停车场入口时，发现里面停满了车，只好掉头出来。我随便在大众点评上搜了一个附近的餐厅，距离不到 1 千米。开车过去，是一个挺大的园子，餐厅里坐了七八成的人，虽然也有喧闹声，但相较于刚才奥特莱斯的停车场，真是绝佳的体验。享受一顿惬意的德国大餐后，我便开车回家了。

回程车很少，广播里传来消息：古北水镇和野生动物园周边的停车场已经饱和，导致附近的道路严重堵塞。我忽然想到一个词：错峰出行。其实这个词最近几年给我很多启发，错峰出行背后的实质是避免不必要的竞争。

我们的文化很推崇"竞争"，无论是上学、考试还是就业、工作，都是在激烈地竞争。我们上大学那会儿，号称是千军万马过独木桥。后来大学好上了，幼升小、小升初又变得竞争激烈。前段时间，一个朋友在给自己的小孩找幼升小的机会，他看中一个私立学校，7 000 人报名，只有 200 个入学名额，即 35 ∶ 1 的入学比例。工作更是这样，你要想得到机会，就得比其他人强，而且要强很多。

但是，面对竞争，我们是否别无选择？并且，我们是否会从被迫竞争变成喜欢上竞争？

显而易见，人们是容易对竞争上瘾的，因为竞争具备成瘾的一切机制，包括给你压力，惊吓你，诱惑你，逼迫你使出全力，给你留有获胜希望，不断地刺激你，很少一下子击垮你。

我曾看过一篇文章叫《摩拜启示录：一局未赢下的比赛，与一个未结束的故事》，其中讲到了摩拜单车的管理团队如何因为 ofo 的低价投放挑战而放弃初心。为了应对 ofo 的挑战，摩拜团队设计出 Mobike Lite（摩拜轻骑），成本低，但易损坏。

大敌当前，这个方案似乎成了唯一选项。这让当年开发了摩拜第一代单车的王超气愤不已，他认为产品的"叛变"就是迷失了企业设定的自我价值。当你进入刺激肾上腺素分泌的战争状态，并且在送上门的、看似源源不绝的资本弹药面前，思考和讨论似乎都已经没有应激反应直接了。在市场竞争和资本弹药的双重刺激下，摩拜管理团队偏离了自己的初心——"让城市变得更美好"；基于这个原则所衍生出来的产品设计哲学——"三四年都不坏"也被抛在脑后。

后面的故事大家都知道，一场喧嚣之后，很难说有真正的胜者。但是绝大多数参与者会迅速忘记这场折腾，继续去热血沸腾地投入下一个竞争。

这是一种悲哀。

其实我们个人也是如此，在职场上，我们对于竞争非常敏感：谁在威胁我的工作？哪个团队在抢我的活儿？ 而很多公司也热衷于搞内部竞争机制和文化，比如腾讯的内部赛马机制。我们如今所使用的微信据称就是移动IM（Instant Messaging，即时通信）赛马的胜者。

先不管别人家的传闻，我从自己的经历得出一个启发：我们在竞争之外还有选择，即尽量回归初心，找到自己真正的优势，并且在执行时尽可能避开不必要的竞争。

比如张小龙，成名于 Foxmail，在腾讯的成名作是将 QQ 邮箱做到了行业前列，最后做出了微信。你可以说微信是竞争的产物，但这三件产品无一例外是一脉相承的通信工具。你让张小龙去参与游戏工作室的竞争，我相信他无法推出"王者荣耀"这样的产品。

当你围绕自己的优势做事时，你关心的不是竞争，而是能否真正着眼于长期目标，能否充分发挥自己的优势。

亚马逊 CEO 贝索斯说："不要管竞争对手在做什么，他们又不给你钱。"

不关心竞争对手现在做什么，但是又要在一段时间后打败对手，占领市场，怎么实现？ 贝索斯采用的是"长线思维"，换言之，他喜欢做那些被其他人误解、琢磨不透的事情，因为这些事情的模式和收益在短期内看不清楚。他这样说道："我相信，如果你要创新，你就必须愿意长时间被误解。你必须采取一个非共识但正确的观点，才能打败竞争对手。"

从不必要的竞争中摆脱出来，这里有三种方法供参考。

回归初心。一定要问自己为什么做这件事情。教育的初衷是什么？职业的最终目标是什么？这个企业安身立命的价值观和使命是什么？脱离了初心，被竞争对手牵着鼻子走，会距离最初的目标越来越远。

围绕优势。我向来反对取长补短这件事情，拿自己的短处和其他人的长处去竞争，越比越悲惨，越比越没有信心，越比越迷失自己。人生最终要做的事情是扬长避短，当然，作为必要手段，你需要"知长知短"，即真正了解自己的优势和不足。

着眼长期。长线思维是把我们从竞争泥潭拉出来的利器。很多人找我请教投资时，总是问：有什么样的方式能在未来 3 个月赚大钱？对此我的答案是：如果你能把自己的获利周期拉长到 5 ~ 7 年，你就会发现不一样的世界，因为几乎没有人和你竞争了。

竞争在大多数情况下是一壶毒酒，诱人但要命。

所以，请务必警惕竞争。

忘记扬长补短

最近碰到几位年轻的朋友，我们在聊天的过程中都会谈到一个观点，即忘记扬长补短这个词，也慎对"木桶原理"。

扬长补短是我们从小耳熟能详的词，老师讲，父母讲，同学讲，到最后自己也习惯讲。这个词听起来没有问题，但是执行起来容易陷入很大的误区：人们往往忘记了"扬长"，而总是想着"补短"。

这个词到后来有了更好的注脚，即"木桶原理"。木桶原理认为：一个木桶所能盛的水，取决于木桶最短的那块木板。这个道理多么通俗易懂，简单到你很难反驳它。这句话用于人生时，同样是强调你应该注意你最大的缺点，而不是最大的优点。这个原理甚至比扬长补短更加误导人，因为它只强调了人生会被短板所决定，而与长板无关。这样看来，这个道理是不是很混账？

其实当一个人的自我意识觉醒时，他一定会反思扬长补短和木桶原理这两个说法。难道我们必须把足够多的精力和时间放在自己的短板上，才可以取得人生的成功吗？

我们退一步来提问：假设你可以尽力去补自己的短板，请问你能把自己的短板变成长板、变成优势吗？答案显然是"No"。因为在一件事情上，即使付出同样多的努力，对此事有天赋的人也一定比你学得更快、更好。也就是说，无论你在这件事情上花多少精力，你都无法比在这件事情上有天赋的人做得更好。

音乐神童莫扎特听一遍能记住的旋律，你很可能听一百遍都记不住，他学习音乐的效率超过你 100 倍。所谓天赋，就是在某个方面要比常人更加敏感，这也带来了数量级的学习效率差异。即使你和他同样努力，你一生中也没有在音乐方面战胜他的可能。你可能会举出龟兔赛跑的例子，但在现实生活中我们碰到的比我们更优秀的人，哪个不是比我们更加勤奋？龟兔赛跑时乌龟赢了的情况好像只出现在童话书里。

与传统观念相反，我认为我们要更多地关注自己的优点，说得直白一些是扬长避短，即尽可能找能发挥自己优势的领域，而避开那些突显自己短板的领域。

天赋的英文单词是 gift，我总是把它解读为"礼物"。你获得了一个礼物，却视而不见，是不是有愧于这份恩赐？是不是人人都能获得这份恩赐呢？我觉得大部分情况下答案是"Yes"。每个人生来不同，这些不同点里，总会有那么一两点是你特别突出的。你不用和全世界的人比较，你只需与周围可见的同学、同事比，只要比身边的 100 人要强，那么这就是你的优势点。

比如你在部门里演讲能力很强，每次演讲比赛大家总会想到你，这就是你的优势点。我曾参加一个部门的年会，一个年轻小伙子表演了一个魔术，赢得全场喝彩。那个晚上，他的眼神中有骄傲的光。会魔术，就是这个小伙子的优势点之一。有些时候，优点没有那么明显，你需要仔细挖掘。比如有些人的眼睛很好看，一颦一笑之间都是故事，这就是优势；有的人手长得特别好看，纤长柔软，这也是优势；有的人声音很好听，这也是优势。

怎样把一定范围的相对优势变成更大范围的优势甚至是绝对优势？先在周围的 100 人中发挥这个优势，在这方面让大家对你刮目

相看。在此基础上，你可以继续投入资源精进这项能力，从而在这个领域获得更加快速的成长。这就是关注优点，持续投入发展优点能带来正向循环。

这样列举下去，可能的优势是很多的。但是为什么生活中有那么多人对自己的优势视而不见？因为现实生活中，我们太容易用同一套标准去评价所有人。比如上大学之前，学校里习惯用成绩去评价人，那么会考试的人获得的评价就很高，而不会考试的人会觉得自己一无是处。这是考核指挥棒使然。

这样的"一元论"思想不仅流行于校园，也流行于大多数公司，和学校以成绩评价人一样，公司也习惯用 KPI 去考察人。在类似考评标准单一的环境里，大部分人很少能意识到自己原来也是有天赋的。

这些年来我见过的年轻人，凡是能和我聊一会儿的，我都能在他们身上发现突出的优点，这些优点，很可能就是这个年轻人的优势。但是绝大多数人会受困于传统的评价标准，会在意自己没有的那些东西，而忽视自己一直都有的那些。

很开心的是，当下存在多种平台，人们在"8 小时"之外有更多的选择去评价自己、发展自己。有人擅长写作，那么微信公众号应该是他的平台；有人擅长拍照，那么 Instagram 类的照片应用应该是他的平台；有人擅长唱歌和表演，那么抖音类的视频应用应该是他的平台。我碰到过一个年轻人，她的微博、微信公众号都不火，但是她玩抖音一下子就火了，每天平均能增长超过 1 万名粉丝。

无论你是声音好听还是眼睛好看，只要你特别在意这件事情，专门发挥这个优势，你就一定能找到相应的受众，他们会喜欢你的声音，或者喜欢你的眼睛。当粉丝群逐渐扩大时，属于你的时代就到了。

在大多数人还没有觉醒之前，在大家坐在自家的金矿上唉声叹气时，那个先觉醒的人，会率先从自己人生的金矿中淘出金子，把可能变成现实。

下次有人劝你扬长补短时，请远离他。

"热爱"是最好的天赋

如果你想造一艘船，那么不要鼓励人们去伐木、去分配工作、去发号施令。你应该做的是，教会人们去渴望大海的宽广无边和高深莫测。

——《小王子》

回想自己过往十几年的职场经历，包括工作、招聘、管理，没有哪句话比上面这句话更能概括"优异工作"的本质了：我们想要有出类拔萃的结果，就必须去激发自己和队员的兴趣、热忱、激情，而不是做机械的分解与分工。必须让所有参与者看到事情的全貌，看到这件事情的伟大意义，而不是仅仅接受一个枯燥的任务。而我们要选择的"船员"，也一定是要对"航海"本身充满浓厚兴趣、对"大海"充满向往的人。

有一次一个老板问我："你为啥看上他，非要用他？"我答复道："因为他热爱这件事情。"诚然，每个人都有各种各样的问题，有一些问题看起来还比较严重，比如表达力不够出色。但是，一旦你发现这个人对于所要做的事情本身有无穷无尽的兴趣、愿意每天去思考、不断地精进时，那么他很可能就是你要找的那个人。

有一些人，乍一看不是灵光闪现的人，但是他就是有一种锲而不舍、不断改进的精神。开始看起来毫无特点的提案，就这样不厌其烦地一遍遍改下去，居然到最后也能征服客户。这样的不停歇地追逐，也源于他对于事情本身的热爱。

有一些人，虽然看起来很执拗，但他能把一件事情追到底，直到水落石出，开花结果。他能真正地与客户打成一片，收集客户的问题，并逐一在公司内部寻找问题的答案，耐心给客户解答。

以上这些人，都对所做事情本身有超高的兴趣，所以才能在起初不被人看好的情况下，坚持完善，逐渐做出让客户满意的成绩。这样的人，我服！

我考察一个人的方法很简单，就是看他在没有激励、没有方向的情况下自己是否愿意花 120% 的力气去完善手头的方案，去做得更好。当他有这样的做事态度时，你会明白，他对这件事情本身是真爱。做好这件事情，客户、用户、开发者开心才是他想获得的最大的回报。

当你招聘和任用的人都这样热爱工作，这样地追逐极致，那么整个团队会变成一个自我驱动、自动驾驶、能人辈出的超能战队。而你要做的就是不断地去寻找有这样特质的人，并为这些人在团队内的成长寻找空间。

领导者本人不应以发号施令为自己的指挥原则，而应以发现人才、为之匹配合适的职责、激励其发挥出潜力为最重要的原则。

作为领导者，其本人也应该有一颗热爱工作的心。他必须发自内心地喜欢自己目前所做的事情，唯有如此，他做这件事情才不会被其老板的视野所局限；也唯有如此，他才不会以"满足老板"为其工作的最高标准。

勇做少数派

有一次参加培训，我做了一个"全脑优势"的问卷。统计结果很有趣，在参加调查的同事中，绝大多数人的优势区在 A 象限（分析型），而比较少的人在 B 象限（实践型）、C 象限（关系型）和 D 象限（经验型）。我自己的优势区在 C 象限（104 分），同时在 A 象限（86 分）和 D 象限（84 分）的得分也比较高，而在 B 象限（32 分）的得分则很低。

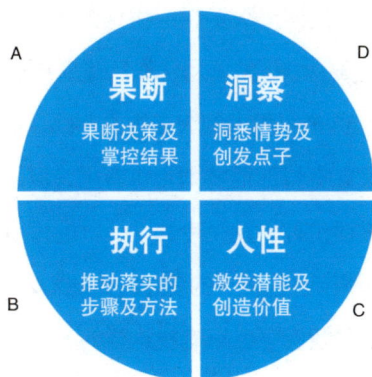

HBDI（Herrmann Brian Dominance Instrument）是赫曼大脑优势量表的简称，这项技术通过分析人类的思维形态，得出一个大脑运行机制的类别模型，从而帮助人们了解自己大脑的特点和倾向。

HBDI全脑思维形态体系

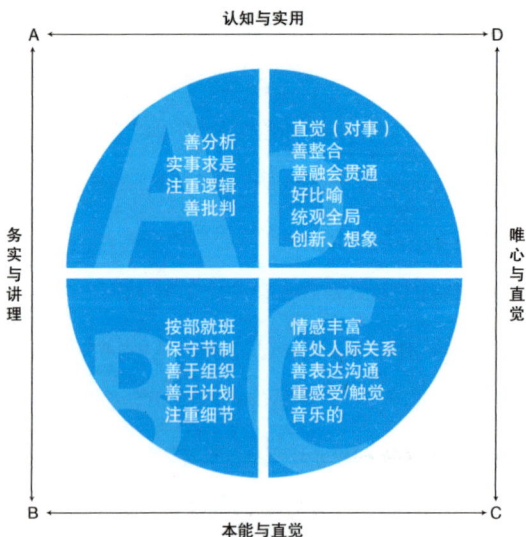

通过 HBDI 测试我再一次发现：我与大家不一样，即我成了这个组织中的"少数派"。这是喜是忧呢？答案并不是那么简单。

首先，如果和这个组织内的大多数人不同，那么在被评价时就会遇到困难。大家会觉得你很特别，也有用，但是不知道该如何用系统常见的标尺去评价你，这是令人"忧"的地方；然而，在处于变革时期，当组织期待一些新鲜的变化时，我又会从少数派变成"大熊猫"，因为在某种情况下，只有我这样的人才能提供关键的、不同于其他人的认知，这是让人"喜"的地方。

其实不仅是我，很多人都会在日常生活中的某些方面发现自己是少数派，个性越鲜明、特点越突出的人越会如此。这时候就会面临选择：我是继续坚持自己的特点，独立地生存下去，还是与大家趋同，泯然众人矣？这的确是很多人会面临的艰难选择。

对此，我的选择是，尽可能地去理解大家，同时也想办法让大家能理解我。除 C 象限之外，我在 A 象限和 D 象限的优势也比较明显，所以与同处"A 区"或"D 区"的同事们能自如地沟通，既能很容易地理解他们，又能用他们习惯的方式去说服他们。

但是，仅仅做到这一点是不够的，无法让你脱颖而出。你需要在你的优势象限充分地发挥所长，甚至你需要在组织能做到某个垂直领域的唯一，这才是更好的人生战略选择。

比如我自己，在 C 象限能充分地体现"情感丰富"和"善表达沟通"，而对应的具体行为和特点有写作、爱倾诉、表达、对人敏感、以人为导向等。这些都与我日常工作和生活中所表现出来的特点非常吻合。我的爱好是向他人分享我的经验，同时喜欢写作，喜欢与人交流精神层面的东西，这都是我在工作中的立足之本。

我要做的是接纳自己处在 C 象限这个事实，同时不断地去强化自己在 C 象限的优势。而在 A 象限，因为很多同事要强于我，无论我在 A 象限怎么努力，都会面临竞争力不足的问题。所以，我要做的就是保持自己在 A 象限的一定水准，能确保和同事无障碍沟通即可。当然，虽然我的 D 象限的得分为 84 分，没有超过 100 分，但是因为这个象限的同事数量依然很少，我也可以将之作为自己的"次优势区"发展。这个象限的行为和特点包括创新、想象、直觉、统观全局和好比喻等，这与我的全局思维、终局思维以及以终为始的思考特点也非常匹配。

从以上的全脑优势结果分析中可以看出，我们首先应该接纳自己的特点，而不用过于担心与其他人不同。在此基础上，我们要在

自己的特点中发现优势，而优势都是相对而言的。所以，除了你自身"最强"的那一点之外，与他人相比较强的那一点也可以作为优势点去培养。

接纳自己与他人不同，从不同中发现闪光点，从闪光点以及对比中发现优势点，之后充分地培养和发挥自己的优势点 —— 这就是我们个人走向真正成功的正途。

"咦，我与大家不一样。"

"那太好了！"

人生不设限

周末一般是我的"胡思乱想"时间。每次周末，我都会想：如果不在此处，我在哪里？如果不在此时，我在何时？如果我不是我，我是谁？

周末我一般都会去平日不去的地方，比如距离家 1.5 千米之外的公园，去那里走一走，和大自然连接。

中午，我会去喜欢的商圈逛逛，看看平日里见不到的人，感受另外一种气氛。我最喜欢去的地方包括颐堤港、三里屯和侨福芳草地。这些地方共同的特点都是有空间感，有不同的人，有各类店铺，有书店。每次看到这些不同的东西，我内心都是欢欣的。

一次去三里屯吃饭时，我突然想到，我为什么不学学画画？于是饭后我直奔三里屯的 PAGEONE 书店，买了几本关于绘画的书。回家之后用 iPad Pro 和 Apple Pencil 画了起来。这些习作，从艺术角度来看可以说乏善可陈，但是，如果我们愿意接纳自己、接纳此刻的话，这就是你自己的艺术品。就像每个小孩子都会涂鸦，而我们成年人似乎丧失了这种能力。我们脑子中多了太多的条条框框，少了让自己的心自由地飞的感觉。

没有那么多条条框框，让自己的思绪自由地飞，让自己的画笔游动，你会发现一个真实的自己，一个"不受限"的自己。

此刻的你，放下了日常生活中的自我认知，卸下了担子，抹掉了标签，你的思绪自由地游走，画布是你放飞自我的空间，画笔是思绪的光。这种感觉是极佳的。

现在的社会，绝大多数自由的思想，每天被束缚在一个小小的格子间里。大家每天想的是如何挣更多的钱，讨老板喜欢，让家人安心。然而技术的发展一点点在威胁大多数人的工作安全。我们今天所熟悉的大多数工作在未来 20 ~ 30 年会消失，包括银行的一线工作人员、贷款审核员、专职司机、律师、专利审核员、初级的编程和测试工程师、初级的设计师等。**很多人拼命工作的意义就是产生更多的数据，训练机器，让算法更加成熟，以替代我们自己。这无疑是一种莫大的讽刺。**

我们以为放弃自由、放弃自我可以换来未来，却不想换来的是更多的不自由和技术的奴役。这就像《人类简史》中所说的，人类本来是自由的游牧民族，但是自从"驯养"了小麦，就被困在一个固定的场所，辛勤地播种、浇水、除草、收割，同时祈求风调雨顺。每一次技术的进步，都在加强奴役。最近更为明显的是智能手机。我们本以为这是解放我们生产力、带给我们更多幸福的工具，却没想到每个人手机上的 IM、微信、邮件让我们具备了随时随地工作的机会。你想逃离工作，只能跑到没有手机信号的沙漠或者小岛——这是我的一些朋友彻底与工作隔绝一小段时间的唯一方式。

但我们不是任何时候都能跑到沙漠或者小岛的，所以，请珍惜周末。在这个时间段，请换一种方式生活。无论你原先是大企业的员工，还是互联网公司的工程师，都给自己一段时间：让我们做回艺术家。人生而是艺术家，我们的每一次啼哭、每一次涂鸦，都是艺术品。很多大艺术家在老年时，拼命追求"大巧若拙"的境界，说白了，他们希望回到童年，回到"天生艺术家"的时刻。

如果看清愈发残酷的未来，就请利用有限的周末放飞自己。在这段特殊的时间里，别给自己设限，做自己想做的任何事情。放下各种标签和束缚，想唱歌就唱歌，想跑步就跑步，想画画就画画，想写作就写作。

暂时忘记今夕何夕，只要你能回归自己，放下自我设限，你就是青年！

唱吧，画吧，跑吧，写吧，这就是你，就是我，就是我们本来的生活！

当我们自由时，也是我们回归艺术家的时刻。

终身成长最重要

刚毕业那会儿，大家都视收入为最高的个人发展指标，那时候还热衷于同学聚会，每逢聚会时，大家都会互相比一下收入。

但毕业 18 年后我发现，个人发展的指标远不止收入一项，重要的基本指标至少有三项：见识、能力和收入（此外，还有"网络"，以后择机再讲）。重视的优先级应该是见识 > 能力 > 收入。但大多人正好相反，在该追求见识的年龄只关注个人能力，在该提升个人能力的时候只看重收入。

其实即使是看收入，也不要仅仅关心现值，而要关心增速，进一步而言，应关心增长因素和增长极限。这个顺序是由表及里、由浅及深的。收入水平大家都看得到，但过去和今日的收入并不决定未来的收入，是收入的增速决定了未来的收入。如果我们深入了解细节，则可发现是增长因素决定了增速，而增长极限决定了收入的天花板。

什么是增长因素？即是什么因素导致了你明年的收入比今年高？是影响力扩大、责任增加，还是能力提升，抑或只是服务年限增长，企业自然调薪？当然，常见的因素还有企业经营良好因而普调或发大红包。

再看一下这些增长因素哪些是可控的，哪些是不可控的；哪些是长期的，哪些是短期的；哪些反映了你的个人成长，哪些体现了组织的增长。

通过增长因素，我们可以大概判断出增长的极限。一种简单的算法是根据最理想的增长趋势，画出自己未来几年在这家企业的收入曲线。这条曲线覆盖的面积总和就是你在这家企业收入的天花板，也就是增长极限。

增长因素和增长极限决定了你今日应该做的选择，而不是反过来，被现有的收入水平局限住你对未来的选择。

如果增长因素属于长期、稳定、可控的，而在这些增长因素下，你的收入增长极限令你满意，那么你可以继续干下去；如果增长因素属于短期、不稳定、不可控的，而且增长极限令你失望，那么你就要思考一下是否要做出改变。

当然，收入只是最基本的考量因素，比收入更重要的是见识（我们跳过收入和见识的中间因素——能力，因为能力是见识增长带来的必然结果，属于被动增长的因素）。当收入增长因素存在很大的不确定性，而且收入增长极限无法令你满意时，你就需要更加认真地考虑一下见识。当企业的见识落后于你的见识或者企业的格局限制了你的见识发展的时候，你很可能要考虑换一份工作。

有的人可能会觉得奇怪，为什么企业的见识会落后于人呢？其实这个不难理解，虽然一个组织的管理层是这个组织中聪明者的集合，但是身处某个位置，他们容易被既得利益蒙蔽双眼，而且很有可能脱离市场，缺少了必要的敏感。

每当一个新事物诞生时，是这个新事物的早期用户先获得了宝贵的早期认知，而不是大公司的高管。比如 iPhone 诞生之初，Nokia 和 Motorola 的高管很难意识到 iPhone 会颠覆其企业。一开始他们甚至看不上也看不懂 iPhone。Nokia 的高管曾经这样评论iPhone："没有人会去买 500 美元的手机。"

《创新者的窘境》一书揭示了一个道理：先前成功的企业总是受困于自己当下的成功，而失去了发展新业务的机遇。当组织想改变的时候，最大的阻碍因素就是既得利益，放不下既得利益，被财报和华尔街绑架，组织就无法彻底改变。对于个人发展而言也是同样的道理：我们的大脑天生是连续性思维，但这个世界很残酷，逼迫我们必须跳跃式地发展第二曲线乃至第三曲线。一条曲线走不到底，只能走到黑。

个人发展也最容易受既得利益所蒙蔽和困扰，最典型的既得利益是看起来还不错的收入。没挣到钱还好说，挣了一些钱是最具迷惑性的。钱不多不少，多到可以养家糊口，少到无法改变命运。这种规模的钱最具迷惑性，你会受困于这种既得利益，一次次失去突破性发展的机遇。

所以说，人这一生最怕的是时间花出去了，挣了点小钱，但见识没增长。小富即安是财富自由和精神自由的最大敌人。

人这一生，应该有一个最高目标，即改变命运，不断地改变既定的命运。小富即安没有前途，通胀和不确定性会打破你的所有小心思。从改变自己的命运开始，到改变家人的命运，再到改变更多人的命运。

发生在微软的转型故事（从 Windows 到云）给人很大启发，组织和个人要做的就是不断激发自身的成长性思维，抑制固定性思维。多做一些总结工作，总结过去自己做错了什么事情，从中学到了什么。

大家最希望看到的可能是见识、能力和收入同步增长，但这是理想情况，很少发生。**成功的故事往往是先增长见识，其次能力跟上，最后收入能在某个时刻体现出来。最怕的是收入看起来在涨，但见识和能力停滞——这是一些人本可以出色但最终陷于平庸的根本原因。**

对见识、能力和收入三要素的选择和阶段性取舍，就是你的人生战略，它能反映出你的格局，也决定了你的未来之路。

人生定位

你一定要知道自己想要什么

我们每天都在忙碌，却很少问自己究竟为何而忙。无目标的忙碌人生，就像大海中失去方向的船只，再多的努力也是低效的。而正确的选择往往是一个"窄门"：踏入一条少有人走的路，看似崎岖、布满荆棘，但是可以越走越宽，越走越光明。

我曾经问过李想（车和家 CEO），什么是智慧？他的回答如下："我觉得就是知道自己内心想要的是什么，也知道自己可以放弃什么，知道自己应对什么承担责任。内心自信，有所为，有所不为。"

我在整理过去的文章时，发现自己也多次提到过"知道自己想要什么""为什么知道自己想要什么如此重要"。

有人问我："辉哥，你是怎么找到自己的人生导师的？"

我说："其实没有固定的人生导师，重要的是第一要知道自己想要什么，第二要善于不断地学习。这样的话你会不断从身边、书上找到值得你学习的人。比如在投资方面，我了解自己的性格，也知道自己想要什么，我喜欢踏实地挣钱，喜欢有预期，而不是靠运气，所以自然会喜欢巴菲特、查理·芒格、段永平。"

有人问我："从哪里获得有价值的信息？"

我说："你需要深入地理解 filter（过滤器，请参考《长尾理论》），最有效的信息来源依次是：①亲身体验；②和优秀的人交流；③看经典图书；④网媒。并且我认为，媒体不是最重要的，你内心的地图（mind map）才是最重要的。在得到你想要的之前，你得知道自己到底想要什么。当你知道自己想要什么的时候，你想要的会纷至沓来。这是一种更为有效的信息获取方式。"

有人问我："怎样做艰难的职业选择？"

我说："职业中最重要的事情是什么？这有很多种答案，比如收入、地位、归属感等。但我们最近在公司内部会议上的结论是：'知道自己在职业生涯中最想要什么'这件事情最重要。所以，当你觉得很难做出抉择时，不妨回到'你在职业上想要得到什么'这个问题上。根据这个认知，我们在面试候选人时，会不断追问候选人这个问题的答案。当一些候选人经过思考之后能做出非常坚定的回答时，我们会非常看好这个人在公司的发展。历史数据表明，清楚地知道自己在职业上想要什么的员工，入职后表现大都不错。"

还有人问我："哪个人体工学办公椅好？""哪款相机适合初学者？""哪个 App 方便随时写作？""哪个无人机好？"

为什么大家来问我？因为我不断购买、体验这些产品，并且随时会把对这些产品的体验分享出来。日复一日，我就成了朋友圈中的极客，大家碰到某些产品的购买选择时，就会自然而然想到我，因为知道我推荐的都是真正的好东西。**也就是说，最终大家认可的不仅是我所购的物品，更是我的"选择标准"。**

这个标准是在不断地"买买买"的过程中总结出来的。随着不断使用各种品牌的产品，我逐步会形成一个购物标准，这些标准涉及品牌、功能、性能、设计、质感、价格等。当有了这样一个标准，又能明确知道自己的欲望，比如喜欢摄影、喜欢摄像，我就能在脑海中做出虚拟的购物选择。**即使一种新产品还没有面世，但我早就在心中描绘出自己喜欢的模样。当符合我的标准、满足我预期的产品面世时，我立刻就知道这就是我想要的东西。于是我会在第一时间买下，毫不犹豫。**其根本还在于首先得知道自己想要的究竟是什么。

我把这种方法推广到其他产品上，比如手机、电脑、相机、无人机、座椅、手表等。慢慢地，我的生活中，陪伴我每一天的都是那些我想要的、我需要的、符合我标准的、良质的产品。我的生活也逐渐变成了我想要的样子。当代社会，永远是供大于求的，所以，为了避免乱买东西、瞎买东西，克服选择困难症，把钱花在真正值得的地方，建立自己的购物标准很重要。

我们的人生就是要不断探索自己的内心，知道自己想要什么，把想要的写下来，变成一套标准，按照标准去选择与自己相处的东西，没有遇到达标的物品时就静静等待，直到合适的物品、合适的机会、合适的人或者合适的工作出现。不断在生活中提高自己的标准，不断得到自己想要的品质生活和理想工作，最终达成"内心（想要的）—标准—行动—结果"的统一。

与知道自己想要什么相对应的是知道自己需要放弃什么。

人生充满了选择，是选择决定了我们一生的道路。而选择同时意味着放弃，选择 A，就意味着放弃 B；选择 B，就意味着放弃 A。也有人把选择成本称为机会成本，即考虑自己的选择时，不仅要看选择 A 所带来的利弊，也要看因为选择 A 而放弃 B 所导致的成本。

比如你做股票投资，有 100 万本金要投出去，那么你最终分析投资收益时，不仅要看自己选择 A 股票的收益率，也要看因为选择 A 股票而放弃了 B 股票所带来的潜在损失：如果当初投资了 B 股票，是不是收益率更高？

其实在投资股票这件事情上，大家能看得很明白，选择 A 股票，必然意味着放弃 B 股票。如果想兼得，比如 50 万元买 A 股票、50 万元买 B 股票，最终得到的一定不是极致的结果，而是一个中庸的结果。如果你的选项不是 A 和 B 两项，而是 100 项，那么你的投资收益一定无比平庸，接近于市场平均水平。

但是，在投资上能看清楚的事情，在其他方面就不一定能看清楚。

比如感情上，你会发现很多人之所以这么优秀但还单身（如果是被迫单身而不是主动选择的话），其最大的问题就是想要的太多。想要的太多等同于不知道自己想要什么。当年在 BBS 上经常能看到征婚帖，其中罗列了一堆条件。大家觉得这个人太矫情的时候，当事人会反驳说："你看看哪条不重要？"其实问题就出在这里，他想找一个什么样的对象和别人没有关系，重要的是他要清楚自己究竟想要什么。如果一个人能把自己想要的东西浓缩到一点，那么他做选择时一点儿都不会纠结。如果有三条，就把问题变难了至少

1 000 倍，每增加一个条件，难度至少乘以 10。如果一个人能把自己想要的"三条"减为"一条"，那么另外两条就可以为了 Top 1 而放弃。这种人无疑是有智慧的，他们既容易找到伴侣，而且伴侣和他们在一起也往往会更加幸福。因为彼此都知道为何取舍，对方在意的是什么，大家相处的底线是什么，碰到诱惑应如何取舍。

在工作选择上也是这样。很多人之所以不满意、不成长，但依然在原地一直困着，主要原因就是他不知道自己最想要什么，尤其害怕艰难的二选一：有成就感和能赚到钱。大多数人对现有工作的不满在于现在的工作无法给他提供足够的成就感，没有成就感就没有尊重，没有尊重也就意味着没有成长。但是，现在这家公司给了自己高薪，这个高薪是其他公司目前无法给出的。哪怕其他公司有自己想做的事情、有自己想要的尊重，他依然无法做决定。因为他总是希望另外一家公司可以全方位地超过目前这家公司，这样他就不纠结了。不懂得需要什么、放弃什么的人，会永远被这样的两难局面困住，最后的结局就是不做决定，在原地待着。而最理智的少数人会明白自己最想要什么，为了想要的东西，可以放弃什么。比如他最想要成就感，那么眼下的收入水平就是可以放弃的。如果他最想要收入，那么眼下的各种不满是可以接受的。

其实关于放弃的原则只需明确一点，即你最想要什么，为了你最想要的你可以放弃什么。记住，你只能捡起一个苹果，必须为此放弃其他所有。在只有多选一的情况下，你选择哪个"一"，最能体现你的性格。

说到底，是那些个你选择的"一"，最终决定了你的人生。最糟的不是你选择了哪个"一"，而是你因为想选的太多而根本不懂

得放弃。

人生的结果由选择决定，你选择什么、放弃什么，最终决定了你人生的走向和所能达到的高度。

什么才是对的事

"Do the right thing"和"Do things right"，这个选择题大家可能做过很多次了，大多数人都能毫不犹豫地选出最重要的是"Do the right thing"，但是具体落实的时候，未必正确。一方面是不明白到底什么是"the right thing"，即判断正确与否的标准不明确；另一方面是缺少足够的自制力，即使意识到正确的事情是什么，也无法坚持去做。这一点很简单，因为正确的事情，往往短期内并不见效，需要长期的坚持，而那些错误的事情，往往是短期内有诱惑力的。

关于正确之事的标准其实有很多答案，因为有很多角度。这里，我们就从边际成本的角度来看看判断一件事正确与否的标准是什么。在这个标准下，哪些事情是正确的。

关于边际效应的定义，仅举一个例子，比如我们的工作是做棉被，做一床棉被需要一个熟练的工人工作一整天（8 小时）。假设日工资为 100 元，用去的棉花和其他物料成本价值为 200 元。这样一条棉被的成本就等于工作 8 小时的价格 100 元加物料成本 200 元，总共是 300 元。某天，工厂接到了一个大订单，需要做 10 床棉被，那么总成本就是 $300 \times 10 = 3\,000$ 元。如果接到了一个更大的订单，需要做 100 床棉被，那么总成本就是 $300 \times 100 = 30\,000$ 元。

在这个过程中，分摊到每条棉被上的成本一直保持不变，这是很多传统企业的成本模式。但是，假设我们做的不是棉被，而是在网上录了一段课程，时长 1 小时，对外售价为 100 元每人次。我们暂且忽略推广成本（即获客成本、流量获取成本，其实在现实中，这个是绝对不能忽略的，因为这几乎就是互联网经济中最大的成本了），那么无论是 1 个人购买，还是 1 000 人购买，我们总的制作成本都是固定的，比如 100 元。购买人数越多，这 100 元的制作成本分摊到每件商品上的平均成本越低，直至趋近于零。这就是互联网经济的根本秘密，以相对固定的总成本，去服务越来越多的人，从而获得边际成本递减的效应。

以这个标准来看，我们要尽可能用自己的时间去做那些能使边际成本递减的事情，而不要做那些边际成本固定甚至会增加的事情。**也就是说，不要拿自己固定的时间去换固定的钱，这个从长远来看是不划算的，因为你无法保证自己单位时间内的生产率一定会提高。**

而人生的真相就是，你会每天自然衰老。

有哪些是边际成本递减的事情？

其实每个典型的互联网业务都是边际成本递减的。不符合这个原则，别说做大上市，连最初的 VC 投资都很难拿到。这些业务包括电商、搜索、游戏平台、视频等。虽然在现实世界中，这些业务的成本都和具体的服务人数有关，比如带宽流量等费用。但是总体来看，随着使用这些服务的人数增多，这些业务的边际成本是不断下降的。

我从个人的角度举一个例子。

写作是一件具有边际效应的事情，无论你的读者是 100 人还是 10 万人，你写一篇文章的时间是固定的。但是 10 次阅读和 1 万次阅读背后的经济价值差要比 1 000 倍还大（假设是 10% 的阅读率）。另外，随着文章的积累，你可以出版图书，获得更多的关注，除了读者直接带来的收益，还有商家的广告费，这都能让你的边际成本加速递减，边际收入加速提高。韩寒多年前曾经抱怨，自己是中国收入最高的作家，每年也不过 200 万元的版税收入。但是新的内容平台很容易催生出年收入超过百万的写作者。所以，我很看好写作，这是一个"面向未来的生意"。

有哪些事情非边际成本递减？

边际成本固定甚至变大的事情更多，生活中随处可见，比如很多朋友都有开一家咖啡馆、自己做老板、养花喂猫的理想。但是，开一家小店恰恰是边际成本固定的例子。你需要这家店有多少产出，你就得投入多少时间和精力，甚至也许因为选址不当或者定位偏差，你投入的更多精力未必能获得更多产出。

当然，如果能从一家店发展到连锁店（而非简单的两三家店），能做到中央厨房、供应链、IT 系统、培训体系的共享，就可以达到边际成本递减的效果。不过，这是连锁带来的结果，而不是一家咖啡店的必然结果。

边际成本不变的还有日复一日的重复性工作。如果工作内容始终保持一样，那么你的技能也不会被动提高。如果没有主动学习的意识，那么重复工作这件事情也是一个没有边际效应的事情。你想挣钱，就得去上班；你不上班，就不能挣到钱；你想挣更多的钱，就得更加努力。这看起来天经地义，但是其背后的问题就是没有边际效应。终有一天，你的体力和精力会走下坡路，那么你的收入也会随之下降。这是大多数人习以为常的生活。

大家都习以为常的生活，其实有着巨大的陷阱。你可以轻松地免于思考方向，看起来安全、放松，但巨大的危机必然会出现。人的大脑中有一种天生的得过且过的倾向，所以，"不见棺材不落泪，不到黄河不死心"才会成为很多人的必然命运。

正确的事情就是做边际成本递减的事情。这几年，我一直坚持去做的，都是边际成本递减的事情。这些事情开始看起来傻，但是有希望。一直尽力去少做的，就是拿时间去换钱的事情，这些事情开始看起来有诱惑，却是越走路越窄、越干越不划算的事情。

我们的正确选择是首先选择一个"窄门"，然后走入一条看似崎岖、布满荆棘、没有太多光线的路，但是可以越走越宽、越走越光明。而不是像很多人一样，跟着人流，走过一个很宽的门，走上一条看似很宽阔的康庄大道，然后越来越窄、越来越挤。等我们最终醒悟时，已经无法回头。

做对的事，一辈子

有一天我在科技园办公室开会，发了一条"求约饭"的状态，有两个同事分别来找我。饭后来找我的这个同事有三年没见了。她一见面就对我说："感谢你啊。"我还没有搞清楚状况，她继续说："多亏你三年前和我谈了投资美股的正确方法。"

我们坐定后，她继续说："我们之前有较多的交流，也包括投资美股的方法。"原来，在此之前，她是用炒股的方法看短线。我当时对她说了我的观点，即应该以投资的眼光看美股，以找到一个好公司，长期持有其股票的方式去投资美股，这比任何方式都要轻松、稳定。

她放弃了自己过去习惯的短线炒股，改为长期持有少量优秀公司的股票。在过去三年，她所持有的股票最少获利40%。所以，看到我在科技园办公室，特意约我喝咖啡，表示感谢。

听完她的叙述，我内心还是挺受鼓舞的，自己在三年前不经意的一席谈话，对一个交往不多的朋友产生了非常积极正面的影响。而影响我进而影响她的理念，其实来自巴菲特。

巴菲特对于投资有一个形象的比喻，说价值投资就像滚雪球，你所要做的就是找一个雪量丰厚、长长的、平缓的坡道。这样你可以滚起一个非常大的雪球。雪球就代表了你投入的资金的现值，雪球滚得越大，说明投资获利越丰厚。

"滚雪球理论"里包含几个重要的关键词，我的理解如下。

雪量丰厚——表明这的确是一个长期赚钱，而且非常赚钱的生意。长期都不赚钱的生意，其公司的股票很难是好的选择。

长长的坡道——表明这个生意是一个可以长期经营的生意，而不是一个速朽的生意。投资股票时，要远离那些只有短期生命力的生意。

平缓的坡道——表明这个生意是一个可以稳定经营的生意，没有大起大落，不像过山车，让人惊心动魄。

以上就是我对巴菲特滚雪球理论的解释。如果有什么是对的，归功于巴菲特；如果有什么解释错了，问题在我。

其实价值投资的滚雪球理论，可以推广到人生的其他事情上。那些对你人生真正重要、需要长期经营的事情，无论是感情、人情，还是你自己一生的事业，都可以用滚雪球理论去指导经营。

比如事业，我经常会问：有什么事情是你可以做一辈子也不烦，同时还能有回报的？如果有这样的事情，你就应该像滚雪球一样对待它。

比如写作。假设你开了一个公众号，刚开始写作时只有寥寥100个粉丝，但是如果你能坚持打磨自己的写作技巧，加大阅读量，不断学习写作方法，更加敏锐地观察生活，并且勇敢地去不断投稿，假以时日，你的粉丝一定会有 10 倍、100 倍的增加。

说到回报，除去精神上的满足感，也会有非常实在的物质报酬。我们先不去谈论一些自媒体大 V，仅仅谈谈我们自己可以触达的层次。比如获得 1 万粉丝，每篇文章有 2 000 阅读量（20% 的阅读率在早期是比较容易实现的），那你每篇文章的商业价值就至少在 2 000 元以上。如果你能正视软文，推荐那些你喜欢的东西，那么商家为此付出的流量成本基本上就是 2 000 元左右。

　　而写作的潜力不仅于此，写作从长期来看就是一个滚雪球的活动，你的阅历在增加，你的写作技巧在提升，你的粉丝在增加，你的声誉在提高。每一步看似慢，但可以慢慢地持续做一生。如果你在一年内把粉丝数做到1万，那么我相信你可以在10年内做到10万。假如你的文章对于这10万粉丝有非常大的吸引力，他们对你也有足够的信任度，那么靠着写作在10年后谋生并非难事。

　　我的很多想法在不经意间影响了很多人，尤其是那些约我吃饭讨论的人。我无法同时与几千人、几万人吃饭，但希望看到本书的人能感受到这一点，本书就是一顿虚拟的午餐，以上有关滚雪球的话就是我想对你说的话。

　　愿你尽快找到自己人生那个雪量丰厚、长长的、平缓的坡道。

终局思考力

找到属于自己的真正优势

要想获得真正意义上的成功，就必须培养自己真正着眼长期的能力。当你能想清楚 5 年的恐惧和希望，你就不会焦虑于当前的恐惧和希望。当你能想清楚 30 年的恐惧和希望，你就不会纠结于 10 年的恐惧和希望。

有关个人发展的方法很多时候都会沦为心灵鸡汤，因为缺少科学的方法论。但是，如果你把个人与公司做类比，把个人视为一家公司，那么用于公司经营的各种理论，包括经营、管理、竞争、投资等，就可以用于指导个人发展。我们在本书的开篇谈过有关个人商业模式的话题，也是这种思想的应用。

假设每个人的人生是一个持续 70～80 年的独资私营公司，那么这家公司首先要考虑的就是永续经营的问题，永续经营需要核心竞争力。而对于个人而言，核心竞争力就是你自己的真正优势。

我们可以借用一下互联网的概念来思考。什么样的网站"不存在"？如果一个网站无法被任何搜索引擎检索到，那么这个网站实质来说是不存在的。什么样的网站存在但不重要？如果你搜任何关键词，这个网站都无法排在前列，而是需要翻很多页才能找到，那么这个网站虽然存在，但不重要。同样，什么样的商品不存在呢？如果无法被任何电商网站比如淘宝、天猫、京东、拼多多、亚马逊搜到，那么这个商品相当于不存在。什么样的商品存在但没有吸引力呢？就是在上述电商网站虽然能搜到，但是排名极为靠后，网站上销量数据极低，也无人评论。

对应到个人，哪些人"不存在"呢？如果大家谈及任何事情都想不起你这个人，那么你其实在大家的心中"不存在"。哪些人是存在但没有优势呢？如果大家谈及某件事情比如唱歌、打球、游泳或写作的时候能想起你，但总是先想到 A、想到 B、想到 C，而你排名在 E 或 F，那么你在这些事情上也是没有优势的。所以，我们在分析优势的时候需要站在客观的角度和对方的角度来想问题。别人如果能在某件事情上想到你，则证明你是"存在的"；如果所有人都能想到你，则证明你是很有优势的；如果在某件事情上，大家不约而同第一个想到你，那么你在这件事情上最有优势。

那么，怎样定义自己的人生优势？

怎样从正面来定义自己的优势？有三个条件，第一是你擅长的（但并非你喜欢的）；第二是有需求的；第三是能长期经营的。

第一，为什么优势一定是你擅长的而并非你喜欢的？我们举一个例子来说明。我从初中就开始接触编程，在高中、大学、工作中也一直接触，现在偶尔还用 Python 写一些脚本程序。对于编程我比较喜欢，但若谈论水平，我的编程水平要比写作差很远。所以编程对我而言是喜欢但不是擅长的。因此也不是我个人的优势，只能作为一种业余爱好而存在。

从另外一个角度看，我们擅长的很容易变成我们喜欢的。比如摄影和做 PPT，相对于周围的同事，你有一定的优势，所以你总是被同事们提到，这会激励你去做得更好，从而得到更多人的赞扬。于是你会投入更多的时间、精力和资源去提高这方面的技能。**日积月累，你在相对比较擅长的地方相对周围同事的水平会越来越高，因此会得到大家更多的赞扬。这样，你会把一个你比较擅长的东西逐渐变成更加擅长的东西，也会因为大家的正向反馈而对它变得越来越喜欢——因为你可以从中获得持续的满足感。**

第二，一定是有需求的。并非我们擅长的所有事情都会变成优势，假设你喜欢画画，但是大家都不喜欢看绘画作品，而是更喜欢听音乐、看雕塑展、看电影，那么你画画这个技能只能作为爱好，而无法变为优势，因为无人需要。

第三，持续经营。我们的人生是一个有 70～80 年历史的"公司"，对于这个公司而言，持续经营要比一次性爆发好，因为一次性爆发需要看机会、看运气。如果你只盯着一次性爆发，那么你很容易陷入功利和投机。这与商业规律有关，如果你的技能在人才市场上供过于求，那么你的价格会变低；如果你的技能在人才市场上供不应求，那么你的身价会相对较高。如果你能让自己的技能一直处于供不应求的状态，那么你这家公司是可以持续经营的。

如何发现自己的优势?

我们应该不断回头看，把自己人生中的点连成线，尤其要问自己：是什么样的事情，总是在人生的"低潮期"带给你力量，带给你转机? 比如我自己，在小学时写作就带给我很多的快乐，我的作文经常因为写得好而被老师当成范文读给大家听，这种虚荣心对于我喜欢上写作是非常重要的。高考时，因为琐事影响心情，进而影响睡眠，我原本擅长的数学、物理等课程全部发挥失常，考化学时甚至因为太困而在考场睡着。在这样不利的情况下，写作再次拯救了我，我的语文因为作文写得好而获得高分。因为当年的标准分制度，大家在语文这一科普遍得分不高，因此语文分相对更加"值钱"。最后，我的总分被语文分给拉了起来，我因此进入了一所不错的学校——西安交通大学，也学了自己心仪的专业——计算机。在工作若干年之后，虽然我很少写作，但是在我陷入焦虑的时候，写作一次次帮到了我，让我的苦闷有了发泄的出口，也帮我找到了新的希望。

从这些"历史因素"中，我逐步发现，写作是我真正的优势。在审视自己的历史时，尤其要注意下面的线索。

（1）什么样的经历屡次出现? 重复本身就是线索。

（2）什么事情总是在你的低潮期支撑你? 比如我上面提到的写作，多次在我非常困难的时期带给我人生转机，直到我最终认识到我必须好好重视写作。

（3）自己最敏感的是什么? 一个人可能听觉非常发达，或者嗅觉发达，或者有非常出色的平衡感，这都是与生俱来的天赋，优势最好围绕这些特点来展开。

（4）自己最难割舍的是什么？永远要相信自己内心的声音，并且去追随这些声音。如果一个声音反复在你内心出现，必有原因。

（5）你自己最快乐的是什么？有的人跳舞时最开心，有的人画画时最开心，抓住这些令你非常投入和开心的事情。

（6）你自己最痛苦的是什么？那些让你特别痛苦的点会给你留下最深刻的记忆，你也会花最多的时间思考这些痛苦。当你发现这世界上有很多人和你有同样的痛苦，而你可以把自己的思考告诉他们、帮助他们时，这些痛苦会变成你的优势。

不要轻易放过以上种种迹象，越是频繁出现、越令你快乐或越令你痛苦，你越是容易在不远处发现自己的优势。

活在未来

"我们总是高估今后一两年内将要发生的变革，总是低估未来10年将要发生的变革。所以，不要让你自己陷入无所作为的窘境。"

—— 比尔·盖茨

遗憾的是，这句话在日常生活实践中经常被人们无情地忽视掉。比如，你会更在意这次职称评审的结果，更加在意自己本次是否能成功升级，而不是长远的发展。

你更加在意公司股票最近几天的表现，而从来没有思考过未来10年的大体走势。

在北京机动车摇号时，你宁愿选择1:840（0.12%的概率）去等待汽油车牌照，而不愿意选择100%能中签的新能源汽车牌照，只是强调新能源汽车的不足（续航里程短和充电不便），而不去思考未来 3～5 年会发生怎样的变化。

你更愿意每天很辛苦地工作，却从来没有做过 10 年的职业规划，不知道自己每天开的会、吵的架和未来 10 年的职业规划到底有什么相关性。

当我们谈起未来时，你会用活在现在搪塞过去。抱着活在现在的借口（而非态度）活在现在，你的未来会受到一些深远的影响。

（1）高估暂时性事件的影响，把过多的精力和资源都投在短期的事情上。你在朋友圈刷屏的事件，你在公司内网上关注的头条热文，你兴奋讨论的事情，大部分都是一些毫无意义的琐事。

（2）容易在日常生活中陷入对于紧急而不重要事情的关注，过分焦虑而手足无措。比如明天要汇报工作，但是问题还没有想清楚怎么办？如果老板也焦虑因而脾气变得很大怎么办？如果你真正思考长期的目标，那么这些短期的焦虑都是可以克服的。

（3）失去很多长远的机会（包括投资、购得紧俏资源等）。多少人在北京开始宣布机动车摇号的前夜无动于衷，然后在接下来的六七年里苦苦等待，无比后悔？目前对新能源汽车牌照的态度上，很多人在重复同样的错误。

（4）无法真正地从长计议。某天早晨我一睁眼睛，突然以为自己已经 49 岁了，其实现在是 39 岁。但是相比于 29 岁，一睁眼发现自己 39 岁也是一件很可怕的事情——如果这 10 年来碌碌无为的话。为了避免在 10 年后一睁眼发现自己已 49 岁而恐惧，我需要好好规划这 10 年，做一些大事。生活如果总是琐碎的话，生命也会变得琐碎。

只有当我们能真正地活在未来，我们才会拥有美好的明天。

思考未来，才会有真正的恐惧，有真正的恐惧，才会有真正的动力。

你知道自己在未来某一天会死去，你才会珍惜现在。

你知道大部分人的一生会很琐碎、碌碌无为，你才会真正计划一些大事。

你知道 10 年后你的体能会下降很多，你才会从现在开始好好运动。

你知道 10 年后你的职业竞争力会下降（工资提升停滞、技能停滞等），你才会加大对于自己职业技能的培训。

你知道 10 年之后，你银行里的存款会越来越不值钱，你才会尽快想办法把现金变为资产。

比恐惧更好的是内心笃定的"希望"，比如 Elon Musk 说，"我希望自己死于火星"，所以他才会义无反顾地创建 Space X，开发可以重复利用的火箭，以降低人们星际飞行和火星移民的成本。

当你能想清楚 5 年的恐惧和希望，你就不会焦虑于今年的恐惧和希望。当你能想清楚 30 年的恐惧和希望，你就不会纠结于 10 年的恐惧和希望。

只有真正活在未来，我们才是真正有方向感、幸福而又踏实的。

远眺未来 30 年

很多人会奇怪：为什么我们还没有想清楚未来一个月、一年要做什么，就要去想未来 30 年的事情？且听我慢慢道来。

我在 Motorola 时曾经接受过一个"无用"的培训，叫"高效能人士的 7 个习惯"，在这 7 个习惯中，给我最大启发的就是"以终为始"。后来在百度，我又被推荐再次去听"高效能人士的 7 个习惯"，依然觉得以终为始对我而言是最重要的一条。有了这一条，其他 6 条甚至都可以忘掉。

其实读书也好、学习也好、培训也好，永远要"以我为主"，看看哪一条或者哪几条可以为我所用。一定要找出哪个更适合自己，哪个最适合自己。减法做得越好，留下印象越深，对自己的生活、工作和思维习惯的影响就越大。

从第一次听到以终为始到现在已经过了 10 年，这个原则对我的影响越来越大。我用这个原则考虑过感情问题、择业问题，也考虑过人生道路的问题。

下面我来继续提出问题，并自问自答，以此来不断深入探讨：

为什么我们要思考未来 30 年的事情？

问题 1：为什么我们要思考未来 30 年的事情？

前面说过，以终为始对我的工作、生活和思维等方方面面起了非常重要的影响，以至于我在不断地把以终为始这个原则运用到更多的事情上，运用到更长的时间区间内。

对于任何人而言，30 年都是一个足够长的时间。如果你刚毕业时 22 岁，那么 30 年后就是 52 岁，应当是人生巅峰；如果你是 30 岁正当年，那么 30 年后 60 岁，是退休的年龄，夕阳正红；如果你像我一样临近 40 岁，那么 30 年后就是 70 岁，那个时候的身体、精神状态是你要好好关心的——那时我们是在颐养天年还是依然精神饱满地干事业？

如果我们能想清楚 30 年之后的状态，那么今日的很多选择就会变得简单，你会发现自己还有足够的时间让自己从平庸变得合格，从合格变得优秀，从优秀变得受人尊敬。而你所需要做的，就是坚持梦想，坚持每日做正确的事情，而不是以任何眼前利益牺牲长远利益，以局部利益牺牲全局利益。

我在最近几年，每天都坚持 10 分钟以上的运动，这个习惯看起来很荒谬：10 分钟能有什么作用？但是这对我的精神和身体状态起到了很大的作用。我未必会因为每天的 10 分钟能练出 6 块腹肌，但是这日日坚持的习惯让我每天早起之后就保持了高昂的斗志。

我坚持 100 天的原创写作也是出于同样的目的。写作不仅可以记录我每日所思所得，让我生命的每一天都更有仪式感，留有珍贵的思想印记，更能让我不断地提炼思想，刷新认知，保持锐利。

每天做这些小事看似并无短期意义，但是对于 30 年后的我有巨大的意义。

所以，思考未来 30 年之后的状态，可以赋予你目前每日坚持的小习惯以意义。而意义的有无和大小，正好是在若干年后区分两个起初背景类似、起点一样的年轻人后期状态差异的关键所在。

问题 2：有什么样的事情你可以做 30 年？

我相信几乎没有人问过你这个问题，你也不曾问过自己这个问题。我们最多关心的是：我下一份工作能涨多少月薪？公司 HR 调查留任意愿时，最长的时间段无非是"干到退休"。但是再干 30 年显然超过了很多人的退休年龄。所以，在公司内，我们既不会被问及，自己也没有动力问自己这个问题。

但是相信我，在纸上写下这个问题，放在自己书桌的显眼处，每天思考这个问题，对于你的未来人生有着极大的意义。

每当我在职业上遇到困惑，感觉自己止步不前时，我就会问自己这个问题，在过去的 4 年多时间里，我不断地问自己这个问题。虽然没有一个斩钉截铁的明确答案，但是对这个问题的思考越加深一步，我就会越发乐观和坚定地看待自己的未来。

要回答好这个问题，思考有关"生命之域"（即特别擅长的领域和真正喜欢的事情的交叉点）会有帮助。

对于我而言，目前的思考结果是：我在感受力、前瞻能力和表达能力三个方面有特别之处，三者结合起来在行业至少属于万里挑一的水准，而且还有很大的潜力可以挖掘。

我最喜欢的事情就是思考，并且乐于看到通过思考去帮助、改变这个世界，成就他人，深刻地影响一些关键的、重大的决定。

在这个基础之上，我通过写作、演讲来总结我的感知和思考的结果，去影响更多的人；把思考的结果运用于股票投资，取得长期稳定的收益。写作与演讲是我目前想到的可以做 30 年甚至更长时间的事情。这两者的共同点是：从思考到结果的路径都很短且直接，没有太多中间环节，正好可以发挥我的长处，同时避开我自己并不擅长的"近身肉搏"。

问题 3：决定未来 30 年成败的关键是什么?

在明确对于什么事情自己能做 30 年的前提下，就得问自己：目标已定，那么赢的关键是什么? 这是一个在现实生活中很少有人会问到的问题，但同样是非常关键和重要的问题。

我们从两个角度来看这个问题，一是从目标本身出发。无论是写作、演讲还是投资，都需要大量的学习以获得间接经验，同时需要大量的调研、体验以获得直接经验。这两种经验都需要大量的自由时间。要输出高质量的结果，无论是一篇文章还是一份投资分析报告，都需要大量时间去静心思考、耐心分析线索、总结结论。

所以，从目标出发，我的结论是：我需要大量的自由时间。

二是从财务自由和财富自由的角度来看。财务自由的前提是你的被动收入超过日常生活花销。要实现这点，要么提高你出售时间的单价，要么把一份时间多卖很多份。无论哪个方法，你都需要有更多的自由时间来精心打磨自己的作品，让它配得上更高的单价或者更多销量。

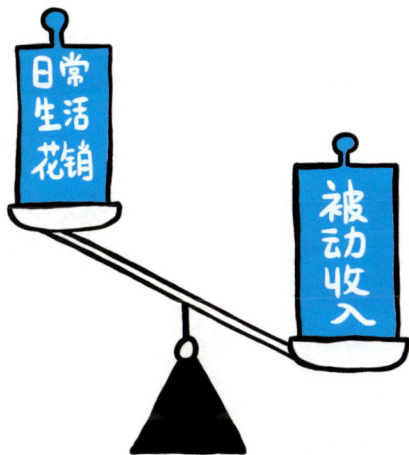

至于财富自由，其本质是不需要通过出卖时间来换取财富，甚至你要从一个"卖时间的人"变成"买时间的人"。想达到这个水准，你更需要改变自己对于时间的看法：时间尤其是自由时间是你一生最重要的资源。

怎样理解自由时间？自由时间具备两个要素：第一是自己可支配，而不受外界和他人的过多干预与指派；第二是目的性要很强，自由不是什么也不干，或者想什么就做什么，而是去做那些自己必须做的事情。所谓的自由时间，就是自己真正可以全权支配、全权负责，以完成自己使命为前提的时间。

问题 4：在以上问题的答案清晰的前提下，我们今天该做怎样的选择？

如果你能认真思考上面 3 个问题，那么对这个问题就会有自己的答案。这个问题的具体答案是什么已经不重要，重要的是我们该如何面对自己的内心，面对自己人生的使命，面对自己的天赋，如何能把天赋发挥到极致，向世人表达我们深深的爱。

以上就是我在谈论未来 30 年时所想的问题，如果你希望自己不仅受人尊敬，还能变得伟大，那么你需要思考未来 100 年的事情。

人生不过短短几十年，是为遗憾，但如果这生命缺少它本该具有的意义，则更遗憾。

卓越是真正着眼长期的能力

很多团队只有做 3 个月计划的能力，缺少一年的规划，更缺少 3 ~ 5 年的方向感。这样的团队很可能会很忙，但这样的忙碌，其结果是日复一日地忙碌，却缺少成就感——因为缺少长线思考的能力，也缺少勇气把资源投在真正重要的地方。

很多人以为互联网的特征就是快速试错，可以少想多做，其实这并不对。微信并不是通过试错的方式开发出来的。微信在推新功能时极为克制，只有思考清楚时才会上线，这也招来了创新慢的批评之声。但这种慢也有好处，就是一旦想清楚，就非常坚定地做下去，比如小程序。张小龙在 2016 年 12 月微信公开课上宣布小程序将于 2017 年 1 月 9 日正式上线。在小程序推出之初，有很多批评之声，我也怀疑 Apple 是否会批准这样的程序生态上线，但后续的发展打消了所有人的疑虑。我们今天看到越来越多的小程序，你很难看到一个主流 App 还没有做小程序。金沙江创投董事总经理朱啸虎表示："2017 年小程序披露的投资金额是 7 亿元，2018 年 4 月，这个数字已经迅速上涨到 70 亿元，总投资金额翻了

10 倍。"

另外一个例子是抖音。抖音的诞生看似偶然，但是在今日头条内部，短视频是其坚定的方向，国内除了抖音，还有西瓜视频和火山视频，国外有 TikTok（抖音的国际版）。TikTok 一度在 Apple 商店下载量排名第一，这样的成功，同样不是基于短期的判断，而是基于长线思考，基于清晰的战略和坚定的执行。今日头条内部很早就定下来短视频的战略方向，至于最终是哪个短视频 App 胜出，则要看团队的实力和运气。你可以说抖音的火爆是一种偶然，但今日头条抢占短视频先机，则是一种必然。

Amazon 更是长线思考的典范。时间回到 2013 年，Amazon 的股价相当于现在的 1/5 左右，Amazon 的利润引擎 AWS 云服务业务的营收还没有在财报中披露。Amazon CEO 贝索斯在年度致股东的信中写道："从根本上讲，我认为只有长远的眼光，才能解决那些看似不可能的难题。主动取悦消费者，能够为我们赢得信任，而这样的信任感也能带来更多的业务，即使是在全新的业务领域也是如此。如果我们目光长远，就会发现消费者和股东的利益是一致的。"

事实上，贝索斯在很多场合强调过长线思维。

贝索斯在 2016 年的一次新闻发布会上被记者问道："你认为在未来 10 年内，什么变化最大？"他回答道："这个问题不错。但是，我有一个更好的问题，在未来 10 ~ 20 年，什么不会发生变化？"

这里面有两个关键点：第一，记者问了 10 年，但贝索斯在思考 20 年；第二，记者关注变化，而贝索斯关注不变。

可以说，"长期＋不变"是贝索斯长线思维的两个核心要素，把思考的周期拉到足够长，想清楚什么样的东西是坚如磐石般不变的。

对于上述问题，贝索斯继续说："不变的是人们仍追求更低的价格和更快的送货速度。"在这个判断下，贝索斯的选择很简单："当你知道某些事值得做，你就应该投入精力去做。"

基于"长期＋不变"的长线思维，找到最值得去做的事情，投入最多的资源去努力，最好一开始大家都不理解。这就是 Amazon 成功的秘诀，也是 AWS 首先诞生于一家电商公司，而不是 Google 这样的技术型公司的原因。

要想获得真正意义上的成功，就必须培养自己真正着眼长期的能力。对公司而言如此，对个人而言也是如此。

第二章

三种收入才稳固

我们天生习惯一份收入，因为既安心，又轻松。这是人的惰性所致。但随着年龄的增长，你会突然有一天警醒，为自己只有一份收入而担心和焦虑，为什么？

价值投资

这个世界上不缺聪明人，但是缺有智慧的人，真正有智慧的前提就是能基于长线思考预期的结果来确定今日的策略。愿你做一个真正有智慧的人，因为财富本质上是智慧的副产品。

价值投资的要义

我比较喜欢思考长线的东西，比如工作上的事情，喜欢看 3 ~ 5 年，甚至是 10 年；个人生活上，经常会看到 10 ~ 30 年。接下来，我想从长期的角度来谈谈股票投资方法。

第一，股票投资，即在股票市场上的投资。为什么不是炒股呢？语言会影响心智，如果你习惯说炒股，那么你很大程度上会倾向于"炒买炒卖"。如果你习惯说股票投资，那么你会越发倾向于做真正的长线投资。为什么不是其他类型的投资呢？股票投资是一种非心智游戏，最终考验的是人性和远见，它可以把个人心智上的优点（比如远见和本性）充分体现出来。

第二，赚大钱。赚大钱的本质含义并非多赚了几百万元，也不是赚了多少倍，而是改变了你的财务结构，说得更直白一些，就是改变了你的资产结构，对你的生活产生根本性的影响。绝大多数买股票的人，都更加在意这一笔赚了多少钱或 5 年下来赚了多少倍；而赚大钱的根本含义是在你的整个资产结构中，股票投资本金与收益占据了一个非常大的份额，比如至少 1/3。只有这个份额大到一定程度，才可以改变你的生活轨迹，也会改变你对财务自由的认知。

第三，关于股票投资的 4 句话。只要你坚信这 4 句话，并且愿意严格执行，在一个长周期内，比如 5 年左右，取得股票投资的成功几乎是可以肯定的。

（1）找一个有"护城河"的公司。拥有护城河的公司有一个非常明显的标志：有定价权。无论这家公司的产品与服务不断地涨价（比如 iPhone 和茅台酒），还是不断地降价（比如 Amazon 的AWS 云服务），甚至免费（比如 Windows 的 IE 浏览器），只要是它主动做的，就会牢牢掌握定价的主动权，而不会因为竞争对手的价格策略调整就被迫调整，这就是有护城河的公司。一个有护城河的公司不仅不怕竞争，而且可能在每次竞争之后都变得更强。

（2）**在合适的价格买入**。符合护城河条件的公司就可以被称为好公司，但好公司的股票价格一般都不便宜，而且一般会不断上涨。要不要买入、何时买入，就成了问题。股价是你要付出的成本，即使是一家有护城河的好公司，如果你在买入时支付了过高的价格，也会严重侵蚀你的收益率（严格来说是年复合增长率）。对此我有两个建议，第一是耐心等待，直到全行业甚至整个市场出现系统危机，所有资产剧烈贬值的时候（如 2008 年世界金融危机），或者是等待这家公司出现坏消息时。我就是在出现坏消息时买入某公司股票的。第二个建议是"定投"，就是按照比较固定的间隔持续投资你看好的好公司，这样你既可以持续保持投入，扩大基数，又可以降低投资成本。

（3）**持有足够长的时间**。任何好股票，如果你无法持有 3 年，那么也很难取得真正的收益。股市永远在波动，谁也无法预测在你买入之后的下一秒，这家公司的股价是涨还是跌。比如从我过去几年买股票的经验来看，每次刚买之后总是亏的。所以，以赚快钱、赚小钱的心态去投资股票，即使是当下如日中天的 Apple、茅台等好股票，你也不会赚太多，甚至很有可能在买入后进入一个下跌周期，导致阶段性的浮亏，如果忍耐不住，就变成了真实的亏损。这里明确一下，足够长的时间指至少 3 年，最好是 5 ~ 10 年。

（4）**投入足够多的钱**。这是最后一点，也是最重要的一点。比如，100 元赚 100 倍，也不过是一万元封顶，对你的生活不会产生任何实质性的影响；但 1 万元赚 10 倍，则是 10 万元。而赚 10 倍的机会相对于赚 100 倍的机会要大很多。如果你需要改善自己的财务结构，就必须在你看中的标的上投入足够多的资金。赚"倍数"还是赚"基数"？我个人认为应该首选赚基数，即以尽可能大的规模去投资。这几年的经历使我认识到，只有基于"大数"的投资，才是真正有意义的投资。对于好公司、好股票，你总会后悔当初怎么没有多买一点，既然每次后悔的点都差不多，那为什么不在一开始就少做后悔的事情？

超越工薪

小米从零做到上市，估值从零到几百亿美元用了 7 年。很多文章谈到小米上市，都会祭出"小米人民银行"的画风，"小米上市，千人财务自由"的说法不绝于耳。但是，这个说法非常站不住脚，因为小米的近 1.5 万名员工持股比例不到 1/3，而且持股员工中，真正持有足够多股票的人也是远低于媒体预期的。

2017 年 8 月，雷军透露，"小米在早期允许员工在股票和现金之间弹性调配比例作为自己的薪酬，在自愿选择后，15% 的人选择每月全部拿现金工资，70% 的人选择拿 70% ~ 80% 的现金和少量股票，还有 15% 的人选择只拿一点生活费但拿较多股票。"

后来小米上市了，但绝大多数员工无法改变命运。

小米总裁林斌当时把自己的谷歌和微软股票全部卖掉，换成了小米股票，如今成了亿万富翁。很显然，林斌在卖谷歌、微软股票，换成小米股票的时候，卖股票所得的现金无需用来满足基本生活需求（如房贷或房租、车贷、子女教育费用、基本生活开支等），是一笔典型的"闲钱"。而闲钱最好的用途不是花掉，而是用于投资。因为一旦成功，会极大地改善生活；如果失败，对于基本生活质量也没有影响。

所以闲钱成了改变命运的关键，那么紧接着我们要问：年轻人如何获得闲钱？

有一种策略非常简单，就是让自己挣钱的速度大于花钱的速度，再加上一段时间的积累。这就是父母经常教育我们的以量入为出为主要特征的攒钱。但这种积攒是才能和时间的函数，能力强，时薪高；积累时间长，钱袋子才充实。这也是很多人选择的道路，因为稳妥、可预期。比如林斌，也是在微软和谷歌工作多年之后才有了原始积累。

如何让自己挣钱的速度大于花钱的速度？这里给出三个建议。

第一，跳上合适的平台，获得溢价。

平台同时意味着行业和公司。举例来说，互联网行业薪酬待遇普遍高于传统企业。所以你从传统企业跳槽到互联网公司，获得涨薪的概率会大很多。同时，行业里最优秀的公司一般在薪酬待遇上也喜欢付出顶级工资。记得我 2000 年校招进华为时，华为的校招人员明确提出了"薪资水平在行业的前 20%"的标准。所以，如果你有机会在恰当的时候进入好行业，且加入行业内的领头企业，那么你攒钱的速度要比留在传统行业的普通公司快很多。

第二，选择能让自己延迟满足的工作。

很多人都喜欢能即时满足的事情，所以手机上的游戏、朋友圈以及抖音这些能满足大众即时消费需求的 App 吞噬了人们大量的时间。如果一家公司把所有的收入按月发放给你，而年终奖忽略不计，那么大多数人每个月会把钱花光，然后苦等第二个月发薪水。我是什么时候慢慢觉得自己手头宽裕，可以有闲钱用于投资的呢？当我发现自己逐渐不再关心发薪日，公司的限制性股票可以一股不动，也不用盼望年终奖发放时间和金额的时候。我的上一家公司用了一种延迟满足感的方式逐步发放薪水，即月末发当月工资，但限制性股票要分阶段兑现，年终奖另算。这个方式的主要出发点是帮助公司留住人才，但客观上帮我攒下了年终奖和限制性股票这种闲钱，且避免了养成把全部收入全部花掉的恶习。

第三，开辟"第二收入"。

除了所在的行业和公司之外，我建议每个人都要培养自己的特长，并且通过这个特长来开辟第二收入。获得第二收入的方法没有那么复杂，这还要感谢这个时代：开放平台和工具让内容创作者能更容易地创作。你也无需成为全国、全市第一才能获得第二收入。简而言之，只要你在一些方面强过周围的 1 000 人，那么你从这种"强"中即可获得一定量的收益。确保自己有第二收入很重要，这能让你在选择职业时视野更加开阔，因为你无需再要求过高的职业收入。

　　过高的职业收入绝对是影响个人快速进步的最大障碍，因为这会让你患得患失，看到好机会时陷于既得利益，而无法做出明智的选择。

　　数着发薪日，等待发工资解决下个月的生活所需是我们职业起步时的状态，但不要让它成为整个职业生涯的常态。因为一旦如此，无论工资高低，你都会与财务自由无缘。

"八小时"之外的平行人生

在"八小时"之外获得可观收入的秘诀在于：千万不要再贱卖自己的时间。

三种收入从何而来

我们天生习惯一份收入，因为这样既安心，又轻松。这是人的惰性所致。但随着年龄增长，你会突然有一天为自己只有一份收入而担心和焦虑，为什么？

当你只有一份收入时，意味着你会面临如下问题。

（1）你会担心工作安全问题：有层出不穷的新人比你年轻，能力比你强，体力比你好，工资要求比你低；或者目前能力不如你，但是每天比你能多花4个小时在公司，反正单身，回家也没事情。

（2）你有职业的天花板：大家都想升职，因为要想加薪，必须升职。但是，在一个金字塔型的职场结构中，任何时候能升到上一级的都是少数。

（3）你缺少自由的时间："从世界那么大，我想出去转转"曾引爆朋友圈，据此就能看出职场的大多数人经常做一个白日梦，叫"想来一场说走就走的旅行"。

（4）你担心年龄问题：为公司拼搏，一不小心奔四了，当朋友圈谈论着"单位里那些超过 40 岁的人去哪里了"的时候，你难道真的不焦虑吗？

（5）你惧怕通货膨胀：收入增长能赶上通货膨胀的人不多吧？

（6）你烦恼于无限多的开支和唯一收入之间的反差：开始养自己，后来养老婆，再后来养孩子，同时还得养老人。开源节流从何谈起呢？哪个你能下得了手去节流呢？

这就是只有一份收入时必然会碰到的问题，还没有认真和你谈谈有关你儿时梦想和兴趣爱好的问题，罢了。

所以，当你只有一份收入时，无论这份收入在社会平均水平之上有多少（前提假设你不是极个别的"打工皇帝"），你都会感受到无限的需求与欲望与有限的收入之间的巨大矛盾，而且这个矛盾会与日俱增。

怎么办？你需要多项收入。在我看来，我们至少需要三项收入，分别如下。

（1）本职工作的收入。这项收入让你付房租、房贷、车贷、每日的饭钱、小孩子的奶粉钱等。总之，这是你日常生活最重要的经济来源。

（2）第二收入。第二收入是在利益和时间上完全不与本职工作冲突的额外收入。在第二收入中，你为自己工作。现在是一个非常好的时期，每个人只要愿意，都可以以一技之长找到愿意为之付费的粉丝或者客户。注意，这里的前提一定是与现有工作完全无关，否则，你就会陷入利益冲突中，你不可避免地会牺牲公司的利益来满足自己的私利。举个例子：我同事曾经在业余时间烤蛋糕给我们吃，后来有些人喜欢吃，她又投入更多的钱买了更好更大的烤箱，来满足更多人的需求，这就是最简单的第二收入。当然，这样的第二收入有个问题，就是很难规模化，很难成为有效的收入来源。总之，你理解第二收入这个点就行。对我而言，以个人成长为主题向别人分享就是我的第二收入，我会通过文字、语音甚至以视频、线下讲座为手段来分享。第二收入的收益拿来干什么？一个字：玩。它提供了一种资金来源，可以让你再投入到自己的各种兴趣中去，比如喜欢写作，可以给自己买入最新的 MacBook Pro 电脑；喜欢视频，可以给自己买入最新的 GoPro、相机等；喜欢无人机，可以买入最新的大疆无人机。第二收入首先应用来满足"再投入到兴趣"的需求，这会激发你产生更大的热情去发展自己的第二收入，从而获得更多的收益。

（3）投资产生的收入。无论是本职工作还是第二收入，都是"加法"，就是一个月加一个月地挣钱。而只有投资，是指数运算，可以在本金不断扩大的基础上保持增速。关于投资的话题，本章开头有详细的内容可供参考。

几乎每个人都需要三种收入：本职工作的收入，用来满足基本生活所需；第二收入，用来玩和发展兴趣，扩大第二收入以满足自己的精神需求和长期发展的需求；投资收益，用来使自己免除"老无所养"的烦恼。

三种收入，三足鼎立，缺少任何一个，人生之舟都会不那么平稳和轻快。

我把一份时间卖了 1 万次

所有的人都在出售自己的时间。

如何成为一个"精明的时间买卖人"——将同一份时间出售很多次？

2018 年年初，我受知乎邀请做一场 Live（实时问答互动），主题确定为"如何发现你的优势"。这个话题不深也不浅，受众多，事实证明这个选择比较正确。

我为 Live 做了一个非常简单的 Keynote（幻灯片演示），整个 Live 进行了大约 1 小时 15 分钟就结束了。

第二个月的某个周二下午，第一笔款项就到账了，这是前期报名参加者的付费。第三个月，又有一笔款项到账，这是 Live 之后听录音回放者的付费。这两笔都是在预期之内。但是没想到的是，第四个月，第五个月，第六个月……直到现在，每个月都会有一小笔钱入账（足够每天吃牛肉面套餐）。这是我第一次非常确切地感受到同一份时间卖很多次的好处。因为除了我前期花了一点时间准备，当天花了一个多小时录制之外，之后再没有任何额外的时间投入。在 Live 开播当天，报名的人数不到 2 000，到 2019 年 2 月，累计听过这个 Live 的人，已经超过 11 000！全部都是真正的额外收入！

对我而言，这是知识付费的一次小尝试，对大家而言，可以看到一个真实的同一份时间卖很多次的例子，算是一种启发。

财富自由有好几种模式，获得额外收入是一个非常典型的例子，而获得额外收入的具体方式，就包括写书、做知乎 Live（当然，此外还有真正的价值投资、买入并持有那些优秀公司的股票很多年）。不要觉得这种事情获得的收入低就忽略它们。人如果能抵住眼前的诱惑，放眼长远，你会发现，这些小小的收益代表着一种完全不同的赚钱模式。

无用之用，方为大用。这些看起来没用的知识，反倒是对你人生最有用的知识，哲学即是如此。

闲暇孕育财富

和公司一个同事吃饭聊天时，我了解到她业余时间在做心理咨询。我正好有一个老朋友也做心理咨询和催眠。我发现她们的共同点就是：忙，恨不得每周工作 7×24 小时。

对此，我有自己的看法：虽然我也很忙，每周 7 天很少能有哪一天彻底无需伏案工作，但是，我依然向往闲暇。

我不想泛泛地说，闲暇孕育美德和财富。我想举几个自己的例子。

"改变自己"公众号——在 2013 年一次线下聚会时，朋友彭萦提议一起做一个公众号。如果那时很忙，那我可能会一口拒绝，但正好那是新年假期过后没多久，而我自己也处于焦虑的调整期，稍微有一些时间。

"辉哥奇谭"公众号——这个原创公众号也诞生于闲暇时段。2016年9月，我的工作相对平稳，有一定闲暇时间时，我开始认真地思考"写点东西"，不是一时兴起的那种写作，而是有承诺、能持续很长时间的写作。

股票投资——迄今为止，我的主要投资决定（包括A股和美股）都是在2013 ~ 2014年做出的。重仓持有的几只股票都是在那时买入的，正好是相对空闲的时候投的钱。这几年忙，从来没有管过。

思想投资——我在35 ~ 36岁这段与焦虑撕扯的时间内，花了大量的时间看投资方面的图书，这个"思想红利"，我到现在还享用。

Python编程——Python是我至今还在用的唯一编程语言。我大约是在2002年一个百无聊赖的周末，用了一上午时间学会的。这半日的闲暇，给我带来的收获很难以数字计算。

机器学习——某天早上我7点多到公司，因为9点有会，所以这段时间拿来写作可能不够，刚好看到吴恩达的新课程deeplearning.ai的学习心得。因为有前序课程的介绍，看了一会儿，我便决定刷卡参加Coursera上的有关机器学习的课程。这也是在闲暇时间才可能做的事情。

每个周末，若能觅得半日闲暇，我便拿起一本闲书看看，会觉得内心充实、放松而又满足。这还是闲暇时间带来的独特福利。

对我而言，闲暇意味着时间管理的"第三象限"事项——重要但不紧急的事情，有了安身立命之所。而美德正好属于第三象限的范畴。所以，闲暇不仅孕育美德，而且孕育财富，孕育思想，孕育未来发展的势能。

但凡大中城市的白领一族都不可避免地忙碌着，但幸好，人在

任何境地之下都有选择。所以，忙碌本身并不可怕，可怕的是以忙碌为炫耀的资本，身处忙碌而不觉得危险，甚至希望所有人都能更加忙碌。这是一种传染病，因炫耀而起，以蔓延为终。

自从我见过"最忙的一个人"陆奇，每周要花五六个小时阅读论文和图书，我就知道，闲暇其实是一种个人选择，相比忙碌，闲暇更难，更需要勇气和自律。

至于你为何要这么忙碌，我打赌 99% 的原因最终都能追溯到金钱。说白了，就是因为缺钱所以忙碌，因为时间是你换取金钱的最直接的方式。《稀缺》一书中揭示穷人为何而穷的原因：他们并非是因为单纯地缺钱，而是因为缺钱导致了有限的注意力带宽被占用，从而丧失了提高心智和决策力的机会。

天底下只有四种事：重要且紧急的、不重要且不紧急的、不重要但紧急的、重要但不紧急的。人们不大会在前两者上犯错误，但

经常会在后两者上犯错误：被紧急但不重要的事情占去有限的注意力带宽，而忽视了重要但不紧急的事情。

所以，大多数人的所谓忙碌，并非在忙重要但不紧急的事情，而是在忙紧急但不重要的事情。如果你不能摆脱眼前金钱的诱惑，如果你不能从这些看似紧急但实则不重要的事情中抽身，你就会永远陷于忙碌，无暇积累自己的美德、财富和发展势能。

愿你能闲下来，慢下来。

工作历练

我们在找一份工作时，最好能更加明确：薪水差 20% 不算什么，能进入这个行业的专业公司才是最重要的。这才是你职业生涯的"金字招牌"。

年轻人应该去什么样的公司

怎样选 offer

之前有朋友问我有关 offer（录用通知）选择的问题，她说自己接到两个 offer，看起来都是不错的公司，不知道该如何选择。我说选择还得自己做，但我给她提供了一个做选择的角度：把这两家公司 CEO 最近三年的公开演讲全部找到，自己对比看。看完之后就容易做选择了。

后来她告诉我，按照我说的方法看完之后很快能做出决定。两周前，她感谢我告诉她这个好办法，因为她加入新公司之后发现自己做了正确的选择。公司大环境很好，公司文化相对平等宽松，内部论坛和学习平台有很多知识资源，领导非常好、专业并且诚恳，CEO 会坦诚回答各种问题，表述很务实。

现在简单来阐述一下，为什么这种方法是非常有效的。原因很简单，一家企业是创始人意志的延伸，企业所能到达的水准受制于创始人的认知水平。在互联网行业，不仅要看其认知水平，更要看其认知水平提升的速度，即他"否定之否定"的能力和不断迭代升级的速度。

所以，在决定是否加入一家公司前，你必须对这家公司的 CEO 有非常充分的了解，了解的途径可以通过其公开的言论。最好看其过往三年的公开言论，因为可以通过对比一段时间的言论，看到其认知升级的速度。尽管你未必能直接向 CEO 汇报，但是他的认知会直接影响这家公司的前景，也就是你未来几年的前景。所以，当你拿到几家公司的 offer 但不知道该如何选择时，想方设法去了解其 CEO 的认知水平和升级速度是一个绝妙的办法。

除了了解公司创始人的言论，还有一点非常关键：看他对组织和人才的重视程度。我发现一个有趣的事实：现在发展得较好的创业公司甚至互联网巨头，其创始人都非常重视组织和人才。关于这一点，无论是市值几千亿美元的国际巨头，还是国内冉冉升起的独角兽公司，均是如此。其对组织和人才的重视体现在各方面，包括领导人公开的言论、出版的图书、公司的制度和组织架构。这一点在 Apple、Google、Amazon、阿里、字节跳动、车和家等公司都体现无疑。原 Google CEO 能写出《重新定义公司：谷歌是如何运营的》绝非偶然。我们看国内 CEO 的言论时，最好能从各种惊悚的标题中跳脱出来，仔细看看哪些 CEO 最重视组织和人才。

为什么"一把手"对于组织和人才的重视非常关键？因为最好的公司其实从不参与竞争，它们成功的关键是从残酷的市场竞争中脱身。因为贴身肉搏只会带来无尽的焦虑和战略上的短视。它们成功的关键在于两点：第一，真正着眼长远，能看到 7 ～ 10 年的未来，知道自己究竟要什么，有明确的取舍原则，所以从不焦虑于短期的竞争；第二，真正发挥组织的能力，这类公司往往兼有明星创始人和非常好的组织机制。良好的工作氛围能吸引到合适的人才加盟，并且充分激发公司人员的潜力。他们知道，赢是因为自己的组织强，输是因为自己的组织差，和竞争对手是谁关系不大。

一言以蔽之，伟大公司的护城河在于"创始人认知升级的速度 + 公司愿景 + 有生命力的组织"，有了这三点根基，它们就可以从低级别的竞争中"逃逸"出来，登高望远而不焦虑。

什么样的小公司要慎入

其实今天世界上的大公司、最成功的公司都是从小公司发展起来的，我也鼓励年轻人在大公司工作一段时间之后可以去小公司寻找机会。一家大公司的好与不好，基本上大家都知道，所以你去之前会有相对明确的预期。而小公司则存在着很大的不透明性。不透明意味着不确定，不确定意味着更大的风险。有什么方法能让我们提前预知小公司的风险呢？这里谈几点，有以下特征的小公司要慎进。

（1）公司不大，老总很多。如果你去一家小公司面试，总是听到员工叫这个总，那个总，可千万要当心了。这种小公司往往做了一点点小业绩，但很难做大，而且企业中的人事关系会比较复杂。首先，一家健康的小公司其实不需要那么多老总；其次，小公司也不需要那么多层级，层级多的地方效率低，是非多；最后，你需要花很多精力在人际关系上，这不是一个快速发展的小公司应该具有的特点。

（2）待遇不明讲。如果一家小公司和你谈待遇时，总是藏着掖着，你想问个究竟老板会对你说："跟着我干保证你发财。"他们这样一说，你反而不好意思了：不能太在意眼前利益啊。其实好老板对于收益都是明说的，比如一个月500元或10 000元，都会说清楚。那种不跟你明确谈收益的人，别跟随。真正的好老板既会告诉你眼下能拿到的具体收益，也会给你超出预期的未来收入。

（3）做黑灰色生意。有一些生意是见不得光的，碰到做这种生意的小公司也要躲开，千万不要为了眼前的利益，忘记了世界上还有"风险"二字。尤其是公司给你很高的管理职位，甚至让你当法人或者某方面负责人的时候，一定要当心，因为很可能你某天真要为这种黑灰色生意负责任。

（4）亲戚开的店。如果是你父亲开的店，尽管你可能看不上或者不愿意去，但他一不会害你，二不会占你便宜。但是，如果是某亲戚尤其是不太亲的亲戚开的店，当对方主动向你抛来橄榄枝时，你千万要睁大眼睛。很多"不熟的亲戚"专坑涉世未深的"熟人"：加班没商量，跑腿没商量，拖欠工资你还不好意思要。

（5）租豪华写字楼。一般的创业小公司，断然没有资本去租豪华写字楼的办公室。为什么有一些起步阶段的小公司喜欢租豪华写字楼？它们会把豪华的办公室作为一种包装手段，忽悠投资人和求职者。因为"显得有实力"比"真的有实力"要容易很多。

（6）面试草率。如果一家小公司在选人这个环节非常草率，请谨慎对待他们的 offer，因为通过这种草率流程进去的人员素质普遍参差不齐。你愿意与这样一群人为伍吗？

（7）不真诚的 HR。一家公司真正的"脸"不是漂亮的前台，而是它的 HR。当你与一家公司的 HR 接触时，能最真切地体会到这家公司的氛围是谦虚的还是傲慢的，是真诚的还是虚伪的，是专业的还是业余的。如果你和 HR 聊的时候感觉非常差，那么要谨慎考虑是否进入这家公司，因为你会很难适应它的文化氛围。

（8）爱吹牛的老板。对动辄说"我认识 ××"的人要当心。任何一个老板都要会激励员工、描绘蓝图，但是一个好老板能给你非常真诚、认真、理性的感觉，而一个浮夸的老板会让你每天问自己：到底是我傻还是他傻？小心精神分裂。

（9）夕阳行业。势比人大，所以一旦一个行业进入衰退期，谁也救不了它，更别提是一家小公司。小公司一般来说嗅觉比较敏锐，不会随随便便在一个走下坡路的行业里耗死，但也不排除一些小公司的老板就是想找点夹缝中的生存空间，挣点小钱。他可以这样想，因为他的人生已然如此，但你的青春不要耗在他的见识上。

（10）过热的行业。新经济有一个特点，即"赢者通吃"，这一点在《从 0 到 1》这本书中有深刻的记录与分析，可以参考。一言以蔽之，任何真正被技术驱动的行业，只有行业前三甚至前二有生存空间。同时，某种新的商业模式出现之初往往会引发过度竞争，比如团购兴盛时出现的"百团大战"，最终百团散去，一地鸡毛之后，是美团这样的公司独大。老二老三可能还有被收购的可能，比如"打车大战"中被滴滴收购的快的，其他大部分参与竞争的小公司，则消失得无影无踪。参与其中的年轻人，大部分只是挣到了一点点"热钱"，并没有如愿以偿喝到汤。因为以满腔热情加入的小公司，从一开始就是打算凑热闹、挣快钱的，不仅创始人这样想，连投资人都是这样想的。

如果碰到的小公司符合以上任何一条，那么就需要你谨慎考察，如果符合三条以上，那么最好再选别家。当然，对第（10）条"过热的行业"需要更加深入地讨论，因为其中毕竟孕育着"新经济"的机会。

站在职业生涯的角度看，每一个你服务的公司，都应该能成为你上升的阶梯，你要么跟对了人，要么涨了见识，要么挣到了钱。而如果不幸选择了一家有问题的小公司，不仅以上收益全无，甚至可能会付出更多的代价，到时后悔也来不及。未来写简历的时候，你恨不得能有一种"时光涂改液"，把这段经历抹去。

如果你觉得上述 10 条太严苛，帮你划掉了这世界上大多数的小公司，那就对了。我们要么得睁大眼睛选公司，要么努力让自己有挑选公司的资格，除了这两条路，别无其他。

我该去什么样的公司

年轻人找工作时，总是有很多纠结的地方，最大的纠结就是不知道该去什么样的公司。因为不知道该怎样判断，所以干脆就选一个容易判断的，比如给钱多的，或者名气大的，或者工作稳定的，或者离家近的。

如果你对工作有长远的期待，希望自己在漫长的职业生涯中能有一个非常好的开端，那么对于第一份工作我的建议是：选一个专业的公司。

什么是专业的公司？为什么要去专业的公司？且听我解释。

我至今工作 16 年，与很多同事合作过，有一些是愉快的，有一些是痛苦的。总结那些让人觉得愉快的、给力的同事，他们有一个共性：专业。具体体现在以下两方面。

（1）有专业的技能：比如用户界面的设计能力、编程能力、策划能力、项目管理能力。

（2）有专业的态度：比如守时、守信、着装专业、言谈举止得体等。

如果再回溯他们的职业生涯，会发现他们的共性：职业始于一家有一定影响力的专业公司，比如业内知名的咨询公司、4A广告公司、大会计事务所、外资银行或者大型技术公司。

上述类型的公司符合以下特点。

（1）有专业的定位，做专业的服务：公司都有一个非常聚焦的定位，不做大而全的经营，也不是什么挣钱就干什么。这些公司的信条就是长期提供专业服务。因此，这些公司多出现于To B的商业领域，而非To C的消费领域。如果是To C的公司，也一般是规模大、业务成熟、从残酷竞争中胜出的公司。

（2）有成熟的培训培养体系：很多公司有自己的管培生体系，即使没有管培生体系，也有从知名高校直接招人的习惯。这些职场新人一进入公司，就能接受非常严格的职业培训，有一些公司还设置了新人轮岗制度。越是管理成熟的公司，越喜欢校招生，自己从头培养。

（3）有成熟的专业升职体系：比如百度的T序列（技术序列），从T1到T12共有12级，本科生一般进去是从T3开始，逐级开始晋升。每次晋升，都需要经过专业委员会的评定。

（4）有很好的专业氛围：什么是氛围？氛围就是"人以群分"，类似背景的人多了，很多事情就容易做，比如同行评议（peer

review）、技术讲座、技术分享；或者碰到一个具体问题，你能找到比你更牛的人请教，年轻人在这样的氛围中更容易成长。

从这些公司出来的年轻人，也容易找到更好的工作。从雇主角度来看，第一，知道这个人能做什么，比如从 4A 广告公司出来的人，如果有 2～3 年的工作经验，那么他做策划的能力一般都很强；第二，这个人在上一家公司的评价可靠度很高。根据上一家公司的知名度、这个候选人在上一家公司的级别和绩效，基本就能对这个人的能力有一个基本的判断。这是大家喜欢从专业公司挖人的原因。

我们现在招人，一般会指定候选人的"背景"，比如"有咨询公司、金融领域背景"，或者更加干脆，指定从某公司找什么序列、什么级别、做过什么事情的人。这就是专业性在招人上的具体体现。

记住一件事情：这个行业的顶尖公司一般不会以"顶薪"来吸引人，它的品牌、它的培养体系更加值钱。所以，在找一份工作时，你最好能明白一点，薪水差 20% 不算什么，能进入这个行业的专业公司才是最重要的。

别做被大公司毁掉的年轻人

大公司和小公司各有各的问题，无论你在大公司还是小公司，都要懂得如何取舍，如何坚持，如何做自己。这里先来谈谈大公司，看看如何避免成为"被大公司毁掉的年轻人"。

大公司的表面意思是人多、公司大，但内在的意思是这家公司已经找到了自己的发展之路，有成熟的商业模式，有明确的市场和自己的竞争策略，所以可以按照既定的打法攻城掠地、扩大规模或者筑墙守城、保住市场位置。业务模式的成熟，同时也意味着公司内部治理的日趋成熟。公司内有明确的"显规则"和"潜规则"，大家按照规则办事，基本上会相安无事。

大多数毕业生找第一份工作时都愿意选择已有成熟商业模式的大公司。这一点无可厚非，但这里我想提醒的是，年轻人一定要拒绝"大公司病"。

大公司病会体现在各个层面，如管理层面、组织层面、激励机制层面，也会体现在个人身上。大公司病体现在个人身上时，典型特征如下。

（1）"甩锅"：问题与我无关！

（2）抢功：这个成绩有我一份。

（3）推诿：你去找其他人，我还忙着呢！

（4）划地盘：这是我的工作范围，与你何干？

（5）不思进取：事情做到刚刚好就行，做多了浪费。

（6）不学习：把邮件、周报写好就行，为什么要看书？为什么要学习新技能？

（7）功利主义：我为什么要做这件事情？老板能看得见吗？能帮我升职加薪吗？看不到好处我为什么要帮你？

其实真正的"病症"可能更多，但仅仅这几条，就能让一个年轻人迷失成长的方向。当然，每个人都希望成长。在患上上述"毛病"的同时，他们也学会了一些"小技巧"，如下。

（1）投小老板所好：小老板说的永远是对的，开会举手表赞成，下会忙着去执行，却把独立思考放在一边，从不质疑对错。

（2）晒加班：只要是加班，一定要晒，而且要包装得不像是晒加班。比如晚上走晚了，抱怨半夜还堵车；周末去加班，感叹上班路上顺畅；出差去机场，抱怨飞机晚点（不说别人，我自己以前出差时就经常发机场图）。

（3）只发公司广告：自己的朋友圈，除了公司广告之外空无一物，仿佛自己的 24 小时都给了这个公司。在朋友圈说到工作一定要鸡血满满，最好再 @ 老板。

以上的"毛病"和"小聪明"加在一起，说明这个年轻人把时间、精力都花在了看得见的好处上，比如升职加薪，把聪明劲儿都用在了讨好小老板上，唯独忘记了好好关照自己，忘记了自己的社区口碑，也忘记了提升自己的认知和学习新技能。总结一下，就是只顾着作秀，而忘记了做事和做自己。

其实，无论在大公司还是小公司，我们始终要保持做事的心态，不要推诿扯皮，该扛的风险要扛，该让的功劳要让。你的职业生涯要长于你在任何一家公司的任职时间，你以为是吃亏的事情，长期来看很可能给你加分的；你以为是占便宜的事情，长期来看有可能是给你减分的。

精于作秀的人，总以为别人是傻瓜，容易被自己的小伎俩欺骗。其实不然，人人心里有杆秤。与你合作过的前同事、前老板，甚至前前前同事或老板，在遇到项目时还会在第一时间想到你，希望与你继续合作，这对你是极高的认可。如果大家和你合作一次之后就觉得"够了"，那么你需要反思的是自己：是不是在工作中过于要小聪明，太着眼于短期利益？

年轻人千万不要以为自己知道大公司的生存法则和游戏规则就乐于按这种规则玩，学各种推诿扯皮、争风抢功的小技巧，这会毁了你的职业生涯。十几年前，我目睹一些原本积极的同事后来变得习惯于"写好几页邮件，证明这不是我的责任"。对于这种人，我在后来都是避之唯恐不及。你能说他是被大公司毁掉的年轻人吗？他是自甘堕落吧。

我特别在意的人才有一种特质：始终保持入职之时的初心。这体现在三个方面：永远能放下虚名，回到自己的本源；永远有好奇心，关心问题的本质；永远真诚，不势利。总结成一句：无论出发多久，都知道自己为何出发。

一流的年轻人要求真、向上、存善。永远不要用自己的原则去换利益（如升职加薪）。不要追求被领导同事喜欢，要追求被领导同事尊敬。追求被喜欢意味着你得不断地去妥协，追求被尊敬意味着你可以始终如一。定位要鲜明，能力要突出，能做到"你可以不喜欢我，但你得用我，因为我无可替代，我值这份薪水"。

如果你在意自由，这就是你想要的自由！人在职场上，应该是腰杆越来越硬，而不是越来越没有原则。这样趋炎附势下去，你的职业之路也会越来越窄。你不尊重自己，别人为什么要尊重你？一个不自尊且无人尊敬的人，怎么会在以后的职业生涯中获得其他优秀人士的青睐？当你努力让自己变得越来越值得别人尊敬时，你的身价是水涨船高的，而不是只依附在某个个体或者组织身上。当你能在更广泛的群体内获得认可时，你就不会为了公司内的局部利益放弃自己的职业守则。

一个人在职场的价值，与巴菲特对于公司股票的价值判断类似，"短期是投票计，长期是称重计"。你短期的收益，可能来自某位老板是否和你看对眼，长期的收益却来自自己的技能、视野和影响力。技能代表基本价值，视野代表做出明智选择的能力，影响力代表着个人未来空间的大小。

我们要做的是把每一家我们所服务的公司，都当成完善自己的平台，用以提升自己的技能，扩展自己的视野，发展更大范围的影响力。当你的能力高过工作所需，视野超越公司年度计划，影响力大于公司办公楼范围时，你会越来越自由，越来越值得人尊敬。

如果你的能力只够写邮件、发周报，视野只能看到小老板，影响范围仅限公司内的项目组，那你就是那个即将被大公司毁掉的年轻人。哦，对不起，是中年人。

"高年薪"还是"高时薪"

找工作别仅仅追求高年薪

薪水是很重要的，体现了一家公司对于人才的基本尊重。行业的领头羊和那些有胸怀成为行业领头羊的公司，都会给人才开出非常有竞争力的薪水。因为他们知道人才的真正价值，也能发挥出人才的真正价值。硅谷有个说法，一个优秀工程师的价值超过 100 个平庸的工程师。这是好公司给人才高薪的根本原因。

但是，年轻人在跳槽时，不要太看重高年薪。为什么这样说？因为好公司一般都不会给行业最高年薪。其根本原因在于好公司认为自己的吸引力是多方面的，除了薪水，更重要的是公司能给人才增值的空间。早些年，软件行业的人才喜欢去 Apple 镀金，现如今，自动驾驶领域的人才喜欢去 Tesla 镀金，都是同样的道理。所以，一般情况下，顶尖公司根本无需纸面的高年薪就能吸引人才加入。

基于这样的考虑，年轻人在找工作、跳槽的时候，如果一味追求高年薪，则必然会错失很多好机会。回想一下在大学毕业时找工作的经历，比如是 5 年前毕业，当时给毕业生开出高年薪的公司，哪一家到现在是叱咤风云，哪一家到现在是行业领头羊？

不排除一些好公司，用高薪水吸引个别人才加盟，但据我观察，这种行为一般更多的是基于营销的目的，即公司利用这样吸引眼球的新闻来引起毕业生的关注，从而招到更多的人才。被这样的机会砸中的概率小之又小，不足以当成一般规律讨论。幸运儿也不要因此对自己的身价产生误会而飘飘然。

同样道理，如果打算跳槽，也不必过于在意薪水的涨幅。虽然我们身边有人在跳槽时拿到双倍甚至是三倍的高薪，但我自己从来没有遇到过这样的事情。我所经历的一般是"平薪"，即使有增长，涨幅也小于 30%。这可能与我不争的性格有关。我既不会去过度地包装自己的简历，也不会与 HR 争取过高的工资涨幅。相比跳槽时的涨薪，我更在意长期的机会。当然，这十几年下来，我任职的每个公司都没有亏待我。相比于刚毕业时，如今我的薪水有几十倍涨幅。这些增长都来自在公司长期耕耘的结果，当然，也有赖于所在公司自身业务的发展——这就是平台的价值。

一言以蔽之，选择和坚持都很重要。这有点像价值投资，当碰到一家好公司时，我们很难等到足够低的价格买入这家公司的股票。但是如果你相信这家公司内在价值有长期增长的趋势，那么买入价格低一点或高一点并不是关键。最关键的是一定要"上车"，并且坚持。这样，当公司业务发展，而你自己也在公司内获得成长时，会形成"双引擎驱动薪水增长"的局面。

与之相反，如果在跳槽时片面追求高涨幅，你的心智则可能会发生微妙的变化：你认为收入增长的最大动力来自跳槽。那么你会不断地、频繁地跳槽以追求收入的增加。而这些频繁跳槽者很难成为好公司垂青的对象。

此外，有勇气、有眼光的人在看到非常好的机会时，甚至应该主动降薪。最典型的例子是有一个人曾经放弃自己 70 万美元年薪的外资公司工作，选择了 500 元月薪的一份工作。他在 1999 年加入名不见经传的阿里巴巴，长期担任 CFO，在阿里 IPO（Initial Public Offerings，首次公开募股）后，身价超过 100 亿美元。他叫蔡崇信。在这个例子中，降薪是一种下蹲，而下蹲是为了起跳，甚至是起飞。

风物长宜放眼量，找工作更是如此，请放长眼光。

你应该更重视时薪

我们在谈到薪水的时候总会提月薪或者年薪，甚少有人提时薪，仿佛薪水周期越长，这个收入越稳固。我相信，如果有人愿意给出"生薪"——一生的薪水，也会有人喜闻乐见的。但是，这里我们要来谈谈时薪。我们先从一组简单的计算谈起。

（1）月薪 1 万元，对应的时薪是多少？按照每月工作 22 天，每天 8 小时计算，每个月工作 176 小时，每小时的收入是 56.8 元。

（2）月薪 5 万元，对应的时薪是多少？不考虑个税，即 56.8×5=284 元。

不算不知道，一算吓一跳。在北上广，中上水平的毕业生能拿到 1 万左右的月薪，对应的时薪还不到 57 元。而一个互联网公司的中层，税前月薪 5 万元看似很高，但是算到时薪也只有 284 元。甚至很多人谈论的理想收入——年薪百万，算到时薪也只有约 473 元。

等一等，我们错过了什么？首先，我们按照每天 8 小时、每周 40 小时计算的时薪，这在互联网公司是不现实的。互联网公司在有网的情况下都可以随时上班，所以，我们需要调整每日的工作时长。选一个极端的例子，比如按照"996"（朝九晚九每周工作 6 天）的节奏，每天的工作时常是 12 小时，其实算上来回上下班路上的通勤时间，每天应计 14 小时，每周超过 80 小时花在工作上是很正常的。这样，工作时长增加了 1 倍，对应的时薪得下调 50%。比如年薪百万，对应的时薪就是 237 元。

其次，我们还忽略了税收和各项福利扣除，如果年薪百万的话，各种扣除加在一起少说也有 30%，即 237 还需要乘以 0.7，变成了 166 元。**人人羡慕的年薪百万，如果是"996"的工作节奏，算上上下班通勤时间，对应到手的时薪只有 166 元。**

当然，从时薪直接推算年薪也有问题，因为高时薪的工作，大多数也属于高强度，很难一天做 8 小时，甚至一天 4 小时也很累了。但是我们依然希望大家能把年薪思维、月薪思维转换到时薪思维，这是为何？因为时薪思维能让你有以下认识。

（1）看清自己真正的市场价格：要追求高时薪胜过追求高年

薪。当你明白你的真正价格是时薪时，你会逼迫自己要么在这个领域精进，要么换一个跑道，去那个高时薪的跑道赛跑（或者领跑）。

（2）更好地处理工作与生活的平衡：在年薪思维下，你的整个生命被雇主拥有，你回报雇主的唯一办法就是更长的工作时长和更大的工作强度。这是一种完全出卖自己时间的模式，对长期发展很不利。因为所有的雇主都希望你能替他挣回更多的收入，超出他对你的付出，但是没有人会考虑你的健康、生活、家庭和长期发展。

（3）认真地思考自己的未来：在月薪和年薪模式下，你往往持一个打工心态，但是如果换作时薪心态，你就会将自己视为一个独立个体、一个私人公司，和公司之间是平等合作的关系。你要做的不是完全依赖这个雇主，而是尽可能多地提高自己所在的这家个体公司的盈利能力，扩展更多的盈利渠道，建设护城河。

（4）真正拥有时间的自由：人生最终的自由就是选择的自由，选择的自由就是时间的自由，时间的自由首先来自高时薪，最终来自投资。所以，提高自己的时薪，提高对于这种时薪的可控性，是迈向人生自由的第一步。

希望我与你都能从年薪思维、月薪思维，逐步调整到时薪思维。

理想工作三要素

理想的工作是很多人普遍关心的问题。虽然不少人将其定义为"钱多、活少、离家近"，但据我观察："活少"会导致无聊，而无聊是大部分人避之唯恐不及的。相比于忙碌，无聊是极其难忍的状态，而且大部分人在无聊时也会有强烈的不安全感。

对我而言，所谓的理想工作必须要回答好如下三个问题。

第一，做什么？

第二，与谁一起做？

第三，能否发挥自己的优势？

答案也非常明显，理想工作必须具备三个特征。

第一，做有潜力的事情。

第二，与自己佩服的人一起做。

第三，充分发挥自己的优势。

2008 年，当时 Motorola 还未陷入困境，但我从当时刚诞生的 iPhone 和 Android 上看到：未来已来。第一代 iPhone 从体验上把所有的竞争对手甩在了后面，我当时正在做的最新手机与之相比，就像石器时代的产物。而 Android 破天荒的开源又给了很多手机厂商追赶 iPhone 的机会，但当时绝大多数手机厂商还未觉察 iPhone 将要掀起滔天波澜。大家多是嘲笑其昂贵的售价以及各种不足，比如无法发送彩信、待机时间短等。

所以当时我的选择是：要么进入 iPhone 的阵营，要么进入 Android 的阵营，后来我进入了国内第一家研发 Android 系统的公司。而当时追随的领导也是我很佩服的——当年在 Motorola 时的老领导。所做的事情正好是自己的特长：做开发者生态。尽管那家公司最后没有取得预期中的成功，我也于两年后离开，但是那次选择给我带来了后面一系列机会。对我而言，这是一次成功的选择。我择业的标准是**做有未来的事情，跟厉害的人，有足够的个人回报预期。**

| 做有未来的事情 | 跟厉害的人 | 有足够的个人回报预期 |

与这些因素相比，在哪里工作，甚至是不是在北京工作，眼前的收入是多少，都不是我特别关注的。因为我知道，当我能抓住"主要矛盾"后，其余的问题都可以逐步解决。想的因素过多、限制过多，或者本末倒置，那你只能拿到短期的结果。最后简单解释一下理想工作的三个特征。

（1）做有潜力的事情。"势比人大"，在风口初期选择合适的位置很重要。如果你已经毕业10年以上，在比较同学之间的成就大小时应该能深切感受到选择的重要性。那些你原本瞧不上的小公司，在过去的几年中已经成为互联网新贵。你的同班同学或者前同事，已经在那里成为高管，独当一面，而你还在辛苦地"爬楼梯"。小米、滴滴、今日头条、摩拜单车、学而思等，都是在过去10年甚至5年期间快速成长起来的独角兽公司，大部分估值超过百亿美元。

（2）与自己佩服的人一起做。查理·芒格有一句名言："别兜售你自己不会购买的东西。别为你不尊敬和敬佩的人工作。只跟你喜欢的人做同事。"现实中，他也是这样践行的。他在南加州大学毕业典礼上讲过自己的经历："在我年轻的时候，我的办法是找出我尊敬的人，然后想办法调到他手下去。"当你非常敬佩一个人的时候，你不仅是在与他共事，你还可以从他身上学到很多东西。对年轻人而言，还有什么比学到东西更加重要？钱可以慢慢挣，碰到好老师千万别错过。

（3）充分发挥自己的优势。木桶原理很重要，但木桶原理并非让你一味去补短。它是告诫你：不要让你的短板影响到自己优势的发挥。人贵有自知之明，一定要知道自己的不足，也要非常清楚自己擅长什么。永远不要用自己的短处去和别人的长处相比。想办法找到合适的环境，做合适的事情，把自己的优势发挥到极致。

我曾经问过自己：80 岁的时候会为什么而后悔？我的答案是：一辈子碌碌无为，为了蝇头小利而放弃发挥自己的天赋。这种假想 80 岁的方法来自 Amazon CEO 贝索斯。他在 1994 年打算创办一家网络书店时，他的老板劝他："这也许是一个好机会，对于那些没有好工作的人而言。但你有一份好工作。"老板劝他重新想一想。贝索斯用假想 80 岁的办法解决了内心的困惑，坚持创业。因为他知道，Amazon 也许会失败，但他在 80 岁的时候不会因为 Amazon 失败而后悔，反而会因为没有去做 Amazon 而后悔。

人是短视的，在找工作的时候尤其如此。所以一定要把自己理想的工作要素写下来，最好不要超过 3 条，再按这些原则找工作。

切记，要克服短期的诱惑或恐惧，因为你在追求长期的成功。

如何面对职场竞争

在公司里难免会遇到一些明争暗斗，甚至偶尔自己也会"落坑"，那么面对职场的竞争，我们应该怎么办呢？

"有人的地方就有江湖"，这句话其实是超越时间和空间的，任何组织和公司内，都不可避免地有各种竞争。一些竞争手段是你所不屑的，所以在你眼中，就成了"明争暗斗"。

基于对这种"恶意竞争"的认知，所有的现象都可以被重新解读，比如"明争暗斗""明枪暗箭""颇有心计之人"等。基于这些解读，你会觉着很累，同时你又不喜欢自己变成那样，所以就会越来越累。其实别人怎样对你都还好，但是一旦你心力憔悴，甚至因为"不公待遇"而变得愤世嫉俗，你就顺利实现了"加害自己"的目的。

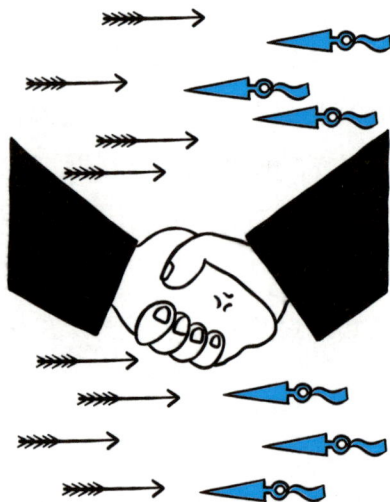

为了从这种画地为牢的困境中摆脱出来，我们来换个角度。

首先，我们得承认，在任何组织和公司里，只要有人聚集的地方，就有局部利益，就有不设限的竞争。这种竞争不限于同级，它其实包含内部的三个方面和外部四个方向，所以称为"四面楚歌"也不过分。这些竞争包括"你和下级的竞争""你和上级的竞争""同级的竞争"，外加"外部竞争"。不要忽视外部竞争，有人内斗特别厉害，却不想竞争对手从外部崛起，最终导致全局失利，这种教训在中国历史上很多。

出现竞争的最根本原因是利益冲突。不要小看这个词，用这个词能分析出很多根本性的问题。我们暂且用利益冲突来分析同级的竞争。

现在我们假设你处在一个运行正常的公司，有一个不错的领导，凡事能从全局出发，讲道理，有一定的判断力，能比较公平地对待人。如果不是，请抓紧时间离开，离开得越早越好。

在这样一个相对正常的环境，我们能采取哪些措施让自己既能顺利地成长，又不必强迫自己去做自己不认同的事情？

（1）加强和领导的沟通。沟通不是阿谀奉承，而是去完成一个使命，即让领导相信，自己会努力工作，给领导"长脸"。能帮助领导成功在先的人，职业生涯一般都会有好运气，也会有贵人相助。与领导沟通，不用去专门"讨欢心"，完全可以有自己的态度。能力越强的领导，越喜欢有自己态度的员工。沟通可以主动一些，适度频繁一些。

（2）围绕核心优势打造护城河。职场上的每个人都需要有自己的护城河，这个并非事情的边界，而是你最突出的优势。在职场上，在一个相对小的范围内，什么才是你不可替代的优势？有哪些事情，领导一想起要去救火，就能想起你？记住一点，你在职场的竞争力不取决于你能做多少件事情，而在于建立"个人品牌认知"。与竞争优势相关的事情，是你要争取的事情；与此无关的事情，是你需要回避的事情，因为你很难做好。

（3）稳扎稳打，求深而非广。不要总想着伸手扩张地盘，越伸手，越容易碰触到边界以及同事敏感的神经。其实好好把自己眼前的一亩三分地经营好，做得深入扎实，做出水平，就一定会得到领导的青睐，机会也会源源不断地光顾你，而无需你特意去争抢。

（4）眼光高远，超越"竞争"。如果你在和一个你根本看不上的人竞争，那么你无疑在拉低自己的眼光、品位和水平。不管结果如何，你都输了。所以，和同级之间的最好竞争方式就是"定位高远，降维攻击"，不要纠结于局部的得失，而是要能看到3～5年后的发展，对标更优秀的人。看得远，定位高，不出一两年，你会把原本和你竞争的同事都甩开。有太多人忙于内部竞争而没时间做自我发展和提升。而最终大老板怎样选人、用人、提拔人，还是看才能。少花心思"勾心斗角"，多花心思做自我提升，并且加强社交和沟通，让你的努力和进步一览无余地展现在大家面前。这样，你会有很多意想不到的好运的，而凭借你的努力和好运，那些站在原地和你竞争的人，很快就会被你拉开差距。

还是那句话，如果你真正知道自己是谁，知道自己人生的使命，知道自己的核心优势，其实没有谁能和你竞争。焦灼于内部竞争的人，往往既缺自知之明，也不具备前瞻视野。

如何在工作中提升认知能力

在工作中，认知能力几乎决定一切，在 VIE 三角形（Vision–Insight–Execution，愿景—洞察—执行）中，认知能力是隐形的引擎。愿景来自认知能力，新的洞察加强认知能力，甚至执行本身也来源于更深刻的认知（所有在执行阶段的犹豫和反复都表明认知需补全）。认知能力既是原因，又是结果。只有认清这一点，才可以在工作中真正地提升自己。我对在工作中如何提升认知有如下 7 条建议。

> 认知能力既是原因，又是结果。只有认清这一点，才可以在工作中真正地提升自己。

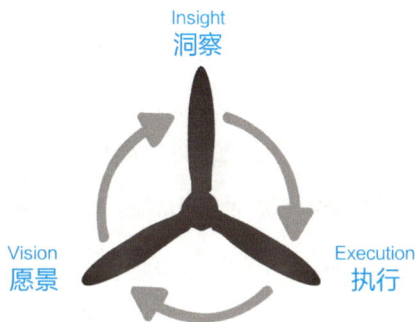

Insight
洞察

Vision
愿景

Execution
执行

（1）上手体验产品、服务和情境。

世界上很多似是而非的东西都来自以讹传讹，缺乏一手经验的矫正。我们乐于听到更多的消息，但是懒于探究背后极少的真相。而真正有一手经验的人，要么是出于懒惰，要么是出于自我保护，并不愿意告诉你真相，所以，你能在搜索引擎或者社交网络里获得的事实真相少得可怜。就拿 Tesla 国标充电来说，别说普通消费者，就连国家电网的运营者和大部分 Tesla 内部人士也说不清楚，直到他们自己愿意开着车漫游全国，才知道是哪些关键的细节在影响用户体验和整个网络的效率。比如，充电站距离高速公路出口的远近，在距离充电站走路 5 分钟的范围内是否有休息和吃饭的地方，这都在影响着具体的体验。我再举个几个例子，比如关于种牙和治疗睡眠呼吸暂停综合征这两件事，你很难在网络上获得真知，反倒是身边朋友的体会能给你更多的信息。为什么会出现这种情况？一言以蔽之：利益相关。你想去找一个客观的说法，但殷勤给你提供信息的人和渠道都有商业诉求。这些信息从源头已被污染。

所有不愿意去体验产品、服务和情境，但又和你夸夸其谈的人，请远离他。

（2）找客户沟通。

客户是谁？客户是那个靠做生意谋生的人，他和你不一样。没有人发死工资，他会日思夜想地考虑这个事情，考虑市场变化，考虑威胁。所以，他对市场的认知和敏感一定远远超过你。你要做的是给老板汇报的时候达到预期，碰到一个数字不达标怎么办？微调一下 Excel 表中的某个参数就行，反正远期的 KPI 是合拍的。但你的客户不同，每一个参数背后都是具体的利益，要么是成本，要么是收入，要么是利润率，要么是分成，要么是税费。每一个数字背后，都有很多双眼睛盯着，渴求的、愤怒的、苛责的……哪个参数你能调？

所以客户给你看的这张表不是 Excel 表，是他的饭碗。你说这种人这里能是假象吗？他能欺骗谁呢？所以，一定要找到你的客户，服务好他，和他仔细讨论，仔细体会每个数字背后不平凡的意义。这哪里是"细节是魔鬼"？这分明是"细节是生命线"，是有血有肉的真知。你不找他们讨论获取真知，还找谁呢？

（3）找厉害的人沟通。

人和人是有差别的，而且这种差别随着时间推移会越来越大。除了外在能看到的差别，最重要的差别就是认知。那些特别有见识、特别有见地的人，我们称之为厉害的人。厉害的人的典型特征就是能给你极大的启发，甚至用一语惊醒梦中人来形容都不为过。为什么？因为他们能站在更高的维度思考问题。比如，你看到的是交通拥堵问题，他看到的是资源竞争问题；你看到的是车辆的性能、外观和价格，他看到的是 TCO（Total Cost of Ownership，总所有成本）；你看到的是产品特性，他看到的是商业模式；你看到的是争权夺利，他看到的是组织机制。

不断地寻找你身边的厉害的人，寻找你能触及到的厉害的人，与之交谈甚至只是倾听，都能受益匪浅。因为这会给你带来全新的理念，提升你内心中对于"好"的标准。

（4）读好书。

真正的好书只有一个定义：能改变你认知的书。也就是说，是在公认的好书和适合你的书之间取一个交集。对我而言，《禅与摩托车维修艺术》（罗伯特·M.波西格著）改变了我看待周围世界的方式；《爱上双人舞》（李中莹著）让我重新认识了婚姻和爱情；《少有人走的路》（M.斯科特·派克著）让我理解了心智成熟之路是一条少有人走的路，也是我们要坚持一生的道路；《怎样解题》（G.波利亚著）奠定了我思考问题的角度；《穷查理宝典》（查理·芒格著）让我更加确认多重思维框架的重要性。以上这些书，需要你反复阅读，真正融会贯通，变成自己心智的一部分。

你最终的认知，和这些书的启发相关性极大。

（5）不断地提问。

在大学时，我们几个好友讨论：怎样才算读懂一本书？其中一个朋友的回答让我至今印象深刻：在看这本书时能提出好问题。我们的认知是随着不断地提问逐步深化的。你周边的朋友、同事中，认知水平最高的那个人，不是知道很多知识、记住很多答案的那个人，而是能不断提出好问题的人。在《怎样解题》一书中甚至有一种方法，就是回到题目本身，重新阐述问题。当你能换一个角度阐述问题时，答案或许就能呼之欲出。这还仅仅是重新阐述问题，可以想象，当我们能从一个新的角度提出一个新的问题，对于认知的提升将有多大的推进。

遇到困局时，首先需要做的不是苦思冥想，而是安静下来，重新去问：我们到底要解决什么问题？目前提出的问题是否合理？这些问题之间有哪些相关性？是否还有其他衡量成败的角度？

在你目光所及的范围内，能不断提出聪明问题的人，一定是那个你要好好关注的人。

（6）不断地收敛。

提问有时候是一个发散的过程，你会天马行空地从各个角度提出问题。但是，所有的问题都是有时间限制的，如果获得答案的时间是无限长，那么相当于这个问题无解；如果获得答案的预期时间超越了时间限制，那么说明你不是那个能在限定条件下回答问题的人。

要想在限定的条件、限定的时间内回答问题，我们必须"收敛"，即能不断地把无关紧要、不那么重要的东西依次排除掉，直到减到不能再减，剩下的只有最核心的问题和它所依赖的条件。人们总以为，那个能去伪存真的人才是他们要寻找的人。其实在陌生的领域里，能化繁为简、聚焦收敛的人才有可能是带领大家走出迷雾的领袖。他给你的不是一个确定无疑的答案，而是一个在 VUCA（Volatility、Uncertainty、Complexity、Ambiguity，易变性、不确定性、复杂性、模糊性）的环境下，能看到希望的方向。他用的不是第六感或者神秘主义的手段，而是汇总了重要信息，加上自己的逻辑判断，是有方法论和思维框架支撑的策略。

综合第（5）点和第（6）点，能发散、展开思路，又能收敛和聚焦的人，就是你要成为的那个人。

（7）学习框架，运用框架，建立框架。

思维框架本质上是一种模式，是对环境、问题和答案的抽象化理解。典型的框架比如有关人类需求层次的"马斯洛需求层次理论"，有关时间管理的"时间的四象限管理"和有关竞争分析的"波特五力模型"等，每个学科、每个方向都有自己对应的思维框架，成熟的学科所拥有的思维模型会更多。每种模型都有自己的适用范围，也都有不足和缺点。这是抽象的好处和不足所导致的。

但只掌握有限的思维框架或者单一的框架是远远不够的。

查理·芒格在《穷查理宝典》中的核心观点之一就是建立"多重思维框架"，他希望大家能多理解一些不同学科、不同背景的思维模型。你所掌握的思维模型、思维框架越多，你越难犯下愚蠢的错误。只有一种思维模型和框架的人，不是智者，而是容易被牵着走的人。容易被牵着走的人，是那些注定要被收割的人。

提高认知的好处非常多，除了在工作中会被更多的人所认可，还能不断地提出让人耳目一新的观点，能不断地去开创性地解决困难和问题，甚至能让你的人生幸福感更强。很多烦恼其实都是自寻的，如果能跳出来，站在更高的层次看问题，那么这些烦恼就不足以困扰你。每一个烦恼的背后，对应的都是自己在某方面的认知缺陷。因环境变化，以前隐藏的问题被暴露出来，你从舒适区被迫走进恐慌区，这才是烦恼产生的真正原因。是环境变化让你过去的不足暴露出来，而不是今天有什么坏运气，或者碰到了不好的环境所致。

面对这些困难，你可以视之为成长的阶梯，你要解决烦恼的办法，不是到处求人，而是去提升认知。如此往复，每一次困扰都需要从认知的提升上予以解决，而解决困扰的过程又会带来新的认知提升。

当然，除了这种"Pain—Driven"（痛苦驱动型）的认知提升，我们更需要主动去提升认知。这样，你就具备更多的能力，能储藏更多的能量，以面对你未来人生的各种挑战。

职场的核心技能——预期管理

职场上的一大要事就是预期管理。并非能力本身决定了你的职场评价，而是能力、预期管理和运气一起决定了你的职场成长阶梯。

这与股票一样，一家公司在财报发出之后，股价是涨还是跌不但与收入、盈利增幅、环比增速有关，更与是否超越分析师预期有关，其实就是看当季盈利是否超过若干名华尔街分析师对本季度盈利的预测均值。有一些公司有专门做市值管理的人，经常由 CFO 领衔，CEO 在这方面的主要工作就是和分析师沟通，管理对方对下季度财务指标的预期。

但预期管理尤其是工作中的预期管理是一门艺术，而非科学或者技术。我们先来看价值投资中的一个概念：能力圈。股神巴菲特多次强调能力圈的概念，他说："我只喜欢我看得懂的生意，这个标准排除了 90% 的企业。"

简单来讲，巴菲特只会投资他真正懂的生意，或者说，他永远只在自己的能力圈边界以内投资。这也是巴菲特取得常胜投资成绩的根本原因。

工作中无疑可以采取这种策略，即只在自己的能力圈以内游走，这样做的好处显而易见，你承接每一项工作的决定都是你深思熟虑之后的结果，你会分析自己的优劣势和这个项目的匹配度。你会回顾自己过往是否有类似的项目经验，如果之前做过类似的事情，自己的优势正好是决定此事成败的关键因素，那你可以信心十足地接受这项工作；如果有一个条件不具备，比如以前从来没做过类似的项目，或者决定这个项目成败的关键能力你不具备，你就应该果断地说"No"。不要觉得对自己的老板说"No"很难为情，一个及时的"No"远胜于后期无法完成的尴尬。

一个人应该做自己最擅长的事情，而且最好越钻越深，使之达到特别擅长的程度。这项策略适用于业务平稳发展的公司，因为变化不多，也不剧烈。

但是，在一个快速发展的公司内，对新的挑战（做没有做过的事情）一味说"No"，你也会成为领导眼中裹足不前、思想保守和潜力有限的典型。但是，贸然说"Yes"（其实你想说"我试试看"）的话，的确有无法按照预期完成的风险。

怎么办？你应该做一个"缩头乌龟"，保守而安全地"活着"，还是做一个"出头鸟"，承担失败风险，迎难而上？

这个问题没有一个标准答案。迈克尔·乔丹在三连冠之后从公牛队退役，转去打棒球，结果很失败，最后还是转回公牛队，重操篮球旧业，成就一代传奇，至今无人超越。即使是乔丹这样有运动天赋的人，依然折戟在自己原本很喜欢的棒球运动上。作为普通人的我们，胡乱接活儿很可能会害惨自己。

什么样的任务该接，什么样的任务不该接？判断标准无非两条：第一，完成这个工作所需的能力距离自己的能力圈边界有多远；第二，这件事情本身的难度有多大？如果距离自己的能力圈边界不远，同时事情本身的难度不大，则可以放手一搏；如果是距离能力圈边界比较远，或者事情本身难度很大，那就要慎重考虑了！当然，如果既距离自己能力圈边界比较远，同时事情难度很大，最好的答案就是"No"，别怕难为情。

　　无论你因何决定承接了一项任务，接下来要做的就是去努力实现目标，并做好预期管理。接任务的同时，你其实已经给了老板一个明确的预期："老板，放心，这个事情我可以做好。"

　　但是，按照我的观察，平时塞给你的工作，都是烫手的山芋。一般是距离你能力圈边界比较远，同时又具有相当大难度的事情。

　　对于这些因为胡乱承接高难度、高风险且陌生的项目而陷入困境的人，我有如下一条妙计：不要以别人期待的方式去满足别人的预期，因为没有人知道他究竟想要什么，但他知道什么结果好、什么结果不好。所以你必须以自己的方式去超越别人的预期。不断达到自己的预期，因为你自己本身就有更高的标准。

　　这对你来说是一个陌生而高难度的领域，你唯一求生的机会就是把这场战争变成自己熟悉的战争。具体来说有两种方法：第一，用自己特别擅长的技能去创造性地解决这个问题，即以自己的方式去超越别人的预期；第二，借别人之长来补自己之短。你可能不熟悉这种战争，但是总有人熟悉，找这些"熟手"来帮你。这就是"没有完美的个人，只有完美的团队"所表达的意思。

　　碰到暂时性的困难不要怕，因为你已经没有退路，只能破釜沉舟，背水一战。输了，人们会很快忘记你；赢了，大家会永远牢记你。

职场之困：不可代替还是可被代替

　　人们都希望自己在职场不可替代，如果你很容易就被人替代，那么老板凭什么给你升职加薪，还得忍受你的坏脾气和坏习惯？

　　但是，站在企业的角度，却希望是"铁打的营盘流水的兵"。对这一点，华为的任正非有非常清晰的表述。2000 年我在华为工作的时候，经常看任正非的内部讲话。其中，他对如何再造一个华为的表述多次出现。大意就是任正非理想中的公司是可以在任何时候通过一个系统重建的，这个系统是公司文化、流程、制度等，而不是依赖于个人。言下之意：谁都可以走，华为永生。

　　这对企业主来说，无疑是最理想的，这样企业不会因某个人而影响发展。

　　但是，这件事情在实际执行的时候会遇到很多问题。因为只要是一个正常的人，就是有心的，能力越大，职位越高，私心会越发明显。我们拥有得越多，就越怕失去。所以，手中的权力和影响力就会为了维护这种"拥有"而不断地发挥作用。

　　这种想法也会渗透到每个人心中，尤其是一线的经理那里。公司一方面表示你得找到替代者才可以升职。但是，上升通道比较拥挤，你找到一个替代者就降低了你和公司讨价还价的筹码，弄不好，老板或者 HR 还能用这个替代者真的把你替代了。

　　怎么办？很多公司解决不好这个问题，从而带来了更深层次的问题。任何层次的经理，从一线经理到公司高管，都有可能成为公司变革创新的绊脚石。

　　公司角度的事情这里暂且不表，我谈谈从一线经理的角度，该如何调整自己的心态和做法。

　　从任何公司、雇主的角度出发，任何人都要可以被替代才行。因为有志之人迟早要做自己的公司，自己做自己的雇主，所以要尽早有这个心态，而不是抵抗。像那种"上车理论"——上车前后两副嘴脸，要不得。

从大局出发，梯队一定要尽早建设，这样当自己升职、轮岗或者跳槽后，原有的团队才能稳定而不受干扰，这对积累自己长期的职场口碑大有裨益。所谓职场规划，核心实践就是要不断地提升专业技能，提升人品。因你工作变动，原有团队就散掉，真的不是你的能力的体现。我工作17年，换过几次工作，每次换工作时，原有团队都能正常运转，这也是我的欣慰之处。

怎样在建梯队和确保自己工作安全之间找一个平衡点呢？首先要明白一点，没有永远的安全工作，如果有，那这个工作在坟墓里。所以，梯队无论如何一定要建，而且要非常强。梯队里的每个关键角色一定要能弥补你的短板，在某方面要超过你。如果所谓的梯队成员没有一个方面超过你，那这就不是合格的梯队。

怎样确保自己的工作安全？这个问题最终还是要回答，我认为有两方面需要注意：第一，自己一定要有一技之长，如果所有关键的事情都是自己做，那么你不是管理者。如果所有关键的事情都是别人做，那么你是传声筒。你至少要有一技之长，是可以脱离他人独立完成的。在这一点上，你需要做到一定范围内的无可替代。这个无可替代不是通过压制人才来达到，而是自己真正在某一方面很强。第二，要展现更大的影响力，经理处于信息树和影响树中相对较高的位置，因此一定要好好利用这个位置优势，去充分发挥自己在更高层次和横向组织的影响力。别和下属较高低，要去更大的组织里替团队拓展空间。

当然，不管我们怎么努力，我们依然会老去，依然会在这个岗位上变成企业的负担，而不是资产。我们当然可以通过不断地努力、

学习来提升自我。但是请不要想象一个都是老人的企业还有竞争力
（除了巴菲特的伯克希尔·哈撒韦）。所以，尽管今天北京球迷都
在对首钢俱乐部"抛弃"城市功臣马布里大为愤慨，但从企业发展
角度来看，把高薪给年轻的新星，没毛病（当然，如果具体做法上
更加有人情味就会少一些骂名）。所以，作为个人，一定要想好一
个问题，即职业的前 20 年做什么，后 20 年做什么。我们千万不要
变成一个令自己讨厌的人。后 20 年需要做的事情也要提早开始考虑，
不要幻想其他人会替你考虑。

全世界都避讳谈死亡，无论是美国还是中国。我们会避讳一切
坏的消息，避讳有一天自己会变成企业的负担，避讳自己会老去，
避讳自己有一天会死亡。但是，尽早地去面对这些迟早要来的坏消
息，反而能让我们的心态早一天趋于平和。村上春树的《挪威的森

林》里有一句话："死并非生的对立面，而是作为生的一部分永存。"同样，不可替代和可以被替代其实是一回事，就怕你只是希望自己不可被替代，但从来不从雇主角度想：每个人都要能被替代，金钱永不眠。

想清楚自己迟早被替代，内心才舒畅，让我们勇敢地面对并且来迎接自己被替代的一天吧！让我们尽早创造出自己的平行世界吧！我们必将因为狭隘的失去而变成更加宏大和完整的个体，与这个世界最终连接在一起，而不是在象牙塔中变得面目可憎。

第三章

活出真我

乐观者认为人的每一天都是新生，而悲观者则认为人的每一天都更接近死亡。到底哪个是真理？其实每个角度都自有其道理。人生迟早会输，会向命运认输，但别那么早地投降。

第三空间：让心成长

获得自由的途径，是重新与世界建立连接，创造一个独立于我们所在的象牙塔之外的平行世界，发现真正的自我。

第三空间与人生要事

第三空间是指和自己相处的空间和时间。在家我们与家人在一起，在办公室我们和同事在一起，我们和自己在一起的时间是非常有限的。我们可以引入第三空间的概念来帮自己找到这样一个独特的空间和时间，让我们与自己相处。

开车上下班的时候，汽车就是我的第三空间。停车之后先不下车，而是在车里继续待一会儿，放着音乐，要么想想事情，要么放空，这就是身处第三空间的感觉。

我最近在车内尝试通过录音来记录自己的想法时，突然想到：

为什么第三空间非得是一个固定的物理空间？能跟自己独处的地方不就是第三空间吗？ 这真是一个叫尤里卡的时刻（尤里卡是古希腊语，阿基米德在浴缸里泡澡的时候突然想到了浮力计算的方法，喊了一声"尤里卡"，所以尤里卡就是灵光一现的意思）。

第三空间为什么重要呢？

第三空间是一个你与自己真正相处的时间和空间，可以做一些重要但不紧急的事情。重要但不紧急的事情包括运动、阅读、写作、画画、冥想、投资理财等。

很多对人生重要的事情，都属于上述重要但不紧急的事情，在时间管理的第二象限。这些事情平时找不到时间去做，第三空间恰恰是为第二象限的事情而生，这是第三空间之所以重要的根本原因。

什么是第三空间呢？

第三空间就是那些让你能独处的空间和时间。那么反过来问，能让自己独处的空间和时间是不是第三空间呢？

咖啡厅是，汽车是，家是不是？是不是有时候家也可以成为第三空间呢？上下班的路是不是也可以成为第三空间呢？甚至在出租车上、地铁上是不是也有可能发现自己的第三空间呢？

我们要不断地学会发问，问题不见得有答案，但问题能启发你思考，发问是宝贵的习惯。回到问题本身，我们进一步定义：**在特定时段能让自己独处的时空即第三空间**。这里有几个要点。

第一，特定时段。说明这个空间是与时空相关的，而不仅仅是一个固定的物理空间。比如，你觉得咖啡厅是第三空间，但咖啡厅非常吵的时候就不是；又如你觉得家不是第三空间，但在家里你独自早起、无人打扰的时候，就是第三空间。

第二，与自己独处。这是第三空间的必要条件，如果不是自己独处，那一定不是第三空间。

上述定义中，第三空间不再是一个固定的物理空间，任何一个空间，只要能有特定时段让自己独处，就成了第三空间，这是第三空间的虚拟化。

时间管理的四个象限中，第二个象限是那些重要但不紧急的事情。在其他条件(包括家庭、天资等)差不多、努力程度类似的情况下，人与人之间的差别，很可能取决于在第二象限的时间投入。

我之前的苦恼是每天都很忙，但忙碌的时间都是花在家庭和办公室。剩下就是睡觉、吃饭和通勤时间。在时间管理的四个象限中，一、三、四象限的事情都找到了安身之所，有对应的时间和场所，唯独第二象限没有着落。

但第三空间虚拟化的想法彻底打开了我的思路。按照这种思路，我可以很轻易地在家、办公室、通勤的路上、旅途中、酒店里找到自己的第三空间。

举几个例子，比如我早晨 6 点多起床跑步，这一段时间是无人打扰的，这就是我的第三空间。

每天晚上家人睡觉之后，我还可以看 30 分钟书，这也是我的第三空间。如此一来，开车路上、走路的时候都可以成为自己的第三空间。这段时间无法写东西、看东西，但是可以听音频。所以，听书或者用录音笔录自己的思想，都可以让这个第三空间变成现实，变得充实。而听音乐、一个人哼唱都是在享受属于自己的第三空间。

在公司，每天午饭之后其实有一小段时间可以自行休息，用于独处。没有会议和其他人的干扰，这个时间也可以成为自己的第三空间。

我的愿望就是每天有三个 30 分钟：第一个 30 分钟用于运动，第二个 30 分钟用于写作，第三个 30 分钟用于阅读。之前我为 30 分钟运动已经找到了固定的时段。而顿悟之后，30 分钟的写作和 30 分钟的阅读时间也找到了。

很多时候我们困惑、着急、焦虑，表面上是因为时间不够，但根本原因在于缺少独处空间。计算机算法中有一个很有意思的概念，叫"以空间换时间"，说的是可以调整算法，拿更多的存储空间换更快的运行时间。以空间换时间这个概念，对于时间管理也是有效的。

很多时候，你按照日程表坐在那里，打算做一个重要的 PPT，做一个关键的提案，但是你的心无法静下来。你转而去上网闲逛，或者刷抖音，一晃 30 分钟过去了，然而你计划的事情一件也没有做。而假如有一个与这些任务匹配的第三空间，就不会出现这样的情况。

对于我们人生发展至关重要的事情，我们一定要找到固定的空间和时间，每天去做。这就是为关键的少数事情创建固定的、舒适的第三空间。这一点是时间管理的关键。而精力管理理念强调我们应该去管理精力，而不是单纯地管理时间。我发现充分利用第三空间可以很好地实践精力管理的理念。

对于那些需要静下心来全力以赴、花大片时间来完成的事情，一定要配上一个合适的第三空间，一个能让你静下来、不受干扰、

与自己相处的时空。它不是固定的时间，也不是某一个固定的物理空间，是时间和空间的组合，是时空组合。

如何创建自己的第三空间？

基于以上解释，寻找自己的第三空间就不是难事，甚至只要你带上一个降噪耳机，在闹市里你也能找到自己的第三空间。这里面有几个具体的建议。

（1）把你人生最重要的1～3件事列出来，注意，一定是那些重要但不紧急的，比如健身、写作和阅读。一开始可以是一件，但不要超过三件，超过三件你就很难去完成了。

（2）找到那些与自己独处的时间，比如早起之后、下班路上或者睡觉之前。

（3）一定不要影响第一空间和第二空间——第一空间是你的家庭，第二空间是你的工作场所或学校。不要让第三空间影响你的家庭生活或工作、学习，这个是大前提，如果为了强调第三空间而本末倒置，会引起家庭关系和工作绩效方面的问题。

（4）每一个第三空间只匹配一件具体的、重要但不紧急的事情。强调一下，只匹配一件，在这个第三空间里要对这件事情全情投入。比如我的运动第三空间就是早晨6:00～6:30的家中，写作的第三空间就是早饭之后在家中的大约40分钟时间。每一个第三空间只匹配一件事情（写本书时，我的写作第三空间为工作日早晨6:00～7:30的家中，周末早晨6:00～11:00的家中）。

（5）采用合适的工具。我们需要有合适的工具来辅助自己，让自己变得更强。比如上下班路上，用听和说的方式和自己相处比较好。这时候有一支简单的录音笔或者在手机上配上防风的微型麦克风，都会让你有更好的感受。

（6）阶段性做一个总结。比如每周末把这一周的第三空间经历总结一下，看看自己在第三空间的产出和体验如何。

（7）一定要多写多记录。不管你的写作能力如何，一定要锻炼写作，写作是思想的催化剂，写作能让你的头脑更加有序，更加有创造力。要把自己与第三空间相处的经历写下来，以此不断提升第三空间的使用效率。

（8）一定要给第三空间起个名字。当你在做一件重要的事情时，一定要给它起名字。比如我的三个第三空间分别是"写作第三空间"、"运动第三空间"和"阅读第三空间"，很朴实直观，却带来了仪式感。在相应的第三空间，我会被暗示要去做对应的事情，而且只做与这个第三空间名字匹配的事情。

我经常会在早晨的写作第三空间内写作，最快只用30分钟就能写1 000字，效率很高！

你可以从今天起就尝试去发现自己的第三空间，为自己人生最重要但不紧急的事情找到安身之所。

与世界重新连接

下图（A）暗示了自由的真正含义，是思行合一；下图（B）强调了普通人也能获得这种自由；下图（C）指出了获得自由的途径，是重新与世界建立连接，创造一个独立于我们所在的象牙塔之外的平行世界，发现真正的自我。

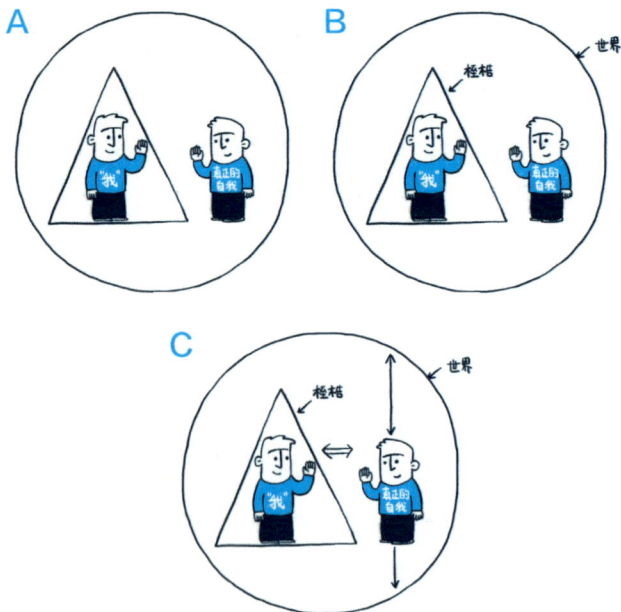

我曾经把这段话发到朋友圈，点赞的前 3 个人都是我很佩服的朋友。他们的共同特点是 40 多岁，事业有成，分别在经营不同的公司。

经常会有人问："公司里那些 40 多岁的人都去哪里了？"这个问题我在 10 多年前还在 Motorola 工作的时候就思考过，但当时没有答案（要知道，Motorola 员工的平均年龄要比互联网公司的大很多）。但每当想起"40 多岁的人去哪里了"这个问题时，我都比较惶恐。10 多年后的今天，在更加年轻的公司、更加年轻的行业里再想这个话题的时候，我更加惶恐。

不过好消息是，在过了很多年，经历了很多事情之后，我对这个问题有了新的思考。

为了思考清楚这个问题，我们可以思考三个相关的关键问题。

（1）人生最终的自由是什么？

（2）如何才能寻找到这个自由？

（3）在公司体制内是否可以寻找到自由？

对上述三个问题的思考我得出如下结论。

（1）人生终极的自由不是有很多钱，也不是想做什么就做什么，或者不想做什么就不做什么，而是真正的思行合一。

（2）每一个普通人都有机会、有能力追求这种自由。

（3）追求自由的方式是通过与这个世界重新连接，重新发现自己的周边世界，通过发现世界来发现自己，进而发现自己生命的意义。

与世界重新连接这个问题自成体系，可以从两个角度去认识。

一是 Why，即为什么要与世界重新建立连接？

二是 How，即如何与世界重新连接？

有人会觉得很奇怪，明明我每天都活在世界上，为什么说我和世界断开了连接？真实情况是：你其实不在这个世界里，你在一个象牙塔里，你和外面的世界处于隔绝或者半隔绝的状态。

从小我们就参加各种兴趣班，学各种技能：琴棋书画、游泳、滑冰、英语等。之后，又开始上小学、中学、大学，不停地考试，不停地做各种作业。等上了大学，你觉得终于可以轻松一下的时候，突然发现三四年后要去找工作。等找到工作之后发现，公司还是有一堆规则束缚着你。

我们的人生在一个接一个的封闭体系里，有行为规则，有评分标准，有指挥棒。你所要做的就是按这些规则去力争第一。轻松一点的公司，朝九晚五，每周工作 5 天；辛苦一点的公司是"996"

甚至更多。每一年甚至每半年都有绩效考评，有排序，要不停地打怪升级，不然，你的工资是无法增长的。

你一觉醒来，匆匆洗把脸，来不及吃早饭就跑去赶公交车。在夜幕降临时，你拖着疲惫的身体回到家里。单身的可以上网聊天，打游戏消磨时间；有家人的陪陪家人，没多久一看时间不早，就洗洗睡了。这样日复一日，不知不觉地老了，然后呢？等你快40岁的时候，突然有一篇文章刷屏了，文中问及"公司里那些40多岁的人都去哪里了"，回顾整个过程，这难道不是一个很惊悚的情景吗？

我们从一家公司进入另外一家公司，从家出发去上班，又从公司回到家。这都是一个接一个的象牙塔，把你和周边的鲜活的世界隔绝开了。为何这样说？请你回答一个问题：在最近一个月内，你哪一天看到过太阳从地平线升起，哪一天看到过日落西山？

这个问题我在公司问过四五十个同事，结论是：几乎没有人关注过日落的事情。我在美国休假期间，曾沿着西海岸的一号公路自驾。自驾最大的乐趣就是每天赶在日落之前到达目的地，然后静静地坐在海边，看着夕阳落下，众人欢呼。满天金色，真的是一种很奇妙的感觉。

我在新加坡等地休假时住的楼层比较高，每天早晨也是等待着日出，然后看四周从幽静到天色渐亮，最后金光万丈！这个过程非常令人感动。日出日落听起来很普通，因为太阳每天都会升起，每天都会落下。但是在城市里打拼的人，有谁真正在最近一个月看过这么壮丽的景色？很少！你可能早上起得很晚，晚上睡得比较晚，错过了日出也错过了日落；或者你所在的"钢铁森林"里，四面都是高楼，你什么也看不见。

大多数时候，我们像一头驴子，围着磨盘，蒙着眼睛拉磨，早已忘记了日出日落，只待在终日劳作中老去。当我们偶尔睁开眼睛时，竟发现日出和日落是如此美好。睁开眼睛去看日出日落和蒙着眼睛绕着原地拉磨，这两个之间有何关联？

在这个世界上，无论哪个年代哪个国家，都充满了各种象牙塔。这种无奈不只我们有，其他人也差不多。我曾看过一部美国电影叫《美国丽人》，主题是男人的中年危机，体现的也是这种被生活围困却又无可奈何的人生。象牙塔代表了社会对个人的束缚，任何时代，在全世界的任何地方，都充满了各种封闭和半封闭的象牙塔。我们似乎只要遵守这个象牙塔的规则，就能获得安全感，有一份稳定的收入，有一份稳定的关系。但是这没有解决一个问题，即我们终极的自由和幸福去哪里寻找？这就像在一个大食堂里，你每天排着队去领一份标准餐，吃得很饱，也没有其他问题，但是有一天，你突然发现自己的口味其实很独特，想吃自己喜欢的一种有特色的饭，怎么办？

你会发现这个问题在大食堂里面无法解决，只有一个答案：做回自己。怎么样重新做回自己？我们需要重新与真实的世界建立连接。这个真实的世界不是学校也不是公司，不是任何社会的体制，因为这些都是象牙塔。这个真实的世界是自然，是你周围的真实世界。

怎么与这个世界建立连接？可以从一部电影中得到启发：*Life in a Day*（《浮生一日》）。这部电影是由著名导演雷德利·斯科特（Ridley Scott）和托尼·斯科特（Tony Scott）联合牵线，视频网站

YouTube 邀请全世界网民记录下 2010 年 7 月 24 日这一天自己的生活琐事。这个项目收集了来自 190 个国家和地区的大约 8 万段总计近 4 500 小时的视频，展现了同一天世界各地人们的日常生活。首席执行导演凯文·麦克唐纳以爱与恐惧为主题，将这些碎片化的素材剪辑制作成影片，演绎了一个个欢喜与失落、幸福与痛苦的故事。

我看过这部电影很多次，每次都有很深的感触。这部电影给我一个很大的启发：**我们普通人看似普通的生活，其实都自有其意义。**这个意义体现在：当我们把每一天记录下来，最终剪辑组合成一部电影时，你会发现其中包罗万象，充满了爱，充满了故事，充满了人间的悲喜。如果你每一天拍一分钟的视频，或者每天照一张照片，连续累积 10 年，10 年后当你再回头去看的时候，你会惊喜万分。

我们普通人的每一天也自有他的特殊意义，我们要重新记录下来，重新来唤起感知。

那记录办法有哪些？我提供如下参考。

（1）照相。

我蹲在小区树下，透过树叶中穿过来的阳光，拍花和草。那些花草都是平时没有人关注的。但拍的时候感觉很美妙：每一片叶子都在不一样地摇曳，每一朵花都在不一样地盛开。我每天都匆匆地从小区走过，上班、下班，一直都忽视着这些生命的存在，但是它们每一天都在生长，每年都会死去，第二年又会再生长，再死去。我在镜头中看到这些不知名的叶子和花，看它们在风中摇曳，内心充满了莫名的激动和喜悦。

（2）画画。

画画比照相更细腻一些，会让你注意到在拍照时忽视的细节，这是画画的独特之处。我自己练习画人物肖像的鼻子时总是画不好，结果发现鼻子其实缺少轮廓，所以难画。这个问题只有在画画的时候才能发现。此外，画画也能让你安静下来，帮你进入心流状态，这是一种很好的体验。

（3）录视频。

视频是一种非常方便的记录方式，而且有越来越多的手机和相机都能记录非常清晰的视频。用这些随手可得的设备去记录动态影像，能获得比照片更丰富的信息。我自己越来越重视动态影像的力量，也会在平日更多地选择直接记录动态影像。

（4）录音。

录什么？可以录谈话，也可以录自然界的风声雨声、小鸟叫声。

豆瓣上有个小组叫"实地录音小组"，专注于录制各种生活中的声音。他们用高还原度的麦克风，录农村公鸡的打鸣声、潺潺的溪水声、鸟的叫声。很多人为了录这类声音，特地跑到深山里，因为只有深山里才没有车辆的来往噪声。我比较焦虑时特别喜欢听着这些自然的声音，安静地睡一觉，这种感觉非常好。

（5）写日记。

日记也不用太复杂，写写你今天看到了什么、遇到了什么人、想到了什么事情，流水账也是有意义的。

当你拿起笔、拿起相机、拿起画笔、拿起录音笔的时候，你会发现，你所熟悉的每一天、你所熟悉的周边的东西其实都不一样，这种感觉是很奇特的。

还有一件事情需要注意，即一定要去分享。很多人为什么很难坚持？因为从来不分享，独自一人是很难长期坚持的。人类是社会动物，应该去分享美好的事情，对他人、对自己都有帮助。

我使用上述办法大概半年时间之后，对于"我是谁？我有什么样的特点？我有什么样的价值？我有什么样的使命？"等一系列问题有了更加清晰的答案。我发现在那个封闭、半封闭的象牙塔之外，还有一个平行世界。在这个平行世界里，我能找到使自己心灵安宁的地方，我会在这个地方发现自己真正的兴趣，而兴趣会给我带来终身的价值，我不断提到的第二收入正是来源于此。我在几年前开始做微信公众号这件事情，让我重新与自己、与外面的世界建立了连接，不知不觉一天天坚持了下来。

你需要重新与真正的世界建立连接，重新发现自己，当你重新发现自己的时候，你就能找到那条通向自由的路。

清理暗空间

前段时间搬家，虽然目的地在同小区，但因为家具、电器、物品非常多，所以我特地找了一家提供"深度搬家"服务的搬家公司。从上午 9 点到下午 4 点，总共有 5 个小伙子帮我搬运，耗费 30 多个折叠纸箱，动用 3 个平板推车。

通过这次搬家我发现：家里的东西实在太多！因为搬家带来的辛苦，我开始反思：哪里来的这么些东西？这些东西什么时候进入了我的居室？哪些可以扔掉？以后能否避免类似的错误？

我举几个例子。第一，我保留了各种 Apple 设备的包装盒，摞起来有 1 米高。我问自己：我为什么留着每个设备的盒子？不仅是

Apple 的各种设备，我几乎保留了每个贵重物品的盒子，比如相机、镜头、台灯。

潜意识中，这些设备应该都会卖二手。是不是我觉得有一个盒子的话卖二手会更加值钱？

第二，各种线材。比如 Micro USB 的充电线，家里有数十个。我还有一个很大的盒子，保存了各种线材，包括网线、视频线、音频线以及各种奇怪的充电线。有很多电子设备早都不知道丢到哪里去了，但是这些线我还保留着。后来我扔掉了这一整箱的线材，因为这个箱子我有好几年没有打开过，当然也不会因为扔掉整个线材箱而影响生活。

以上两种情况的出现还是因为以备不时之需的思想在作祟。我不知道有多少人和我有类似的习惯。不客气地说，这属于"收藏癖"，值得深刻反省和彻底改变。

此外还有一堆小玩意儿，廉价而琐碎，包装盒从来没有拆过，想起来基本上是参加会议时收到的伴手礼。这次搬家的时候，都一股脑儿转送给了同事。在处理这些物品时我问自己：为什么明明不会用的东西当初会留下？为什么不第一时间送给真正有需要的人？

我对自己使用的物品是非常挑剔的，但为什么会留下这些明明不符合自己品位的物品？因为免费吗？

我们执迷于拥有，但今天搬家时，我却被所谓的拥有所累。

我总结过自己购物的第一考虑因素，并非买得起或者喜欢，而是是否能高频使用，即是否能给一个物品匹配上足够的时间资源才是我做购物决策的第一考虑要素。

搬家的痛苦经历让我进一步反思，所谓的拥有不是一种资产，更多的是一种负债。比如，我们买的任何一件物品几乎每天都在贬值，无论我买的东西多么好，3年之后都只能以半价甚至3折出售。但这还不是最要紧的。我所租住的小区，房价在9万~10万元一平方米，而跑步机至少得占用2平方米的空间。折合成房价，这个跑步机并非售价这么低，至少占用了20万元左右的空间资源。当然，也可以按照月租去折算，显而易见，如果各种杂物、家具家电少一半，那么住在小一点的房子里也是非常宽敞舒服的。此外，请注意，这次搬家费用的核心计算指标是"立方"（每立方米物品为300元），这意味着所有不用的东西依然会消耗我大量的资源。

所以，任何物品都会占用物理空间，你在购置（接受）一件物品时，不仅要考虑金钱和你的时间分配，还要考虑因为空间占用而带来的成本。

基于以上分析，我们以后在买买买的时候应更加谨慎，因为你不仅要看到一件物品可能会带给你的价值，还要看到这件物品必然会带给你的成本（如资金、时间、空间的占用）。任何接受，都必须考虑可能的收益和必然的成本，即这件物品是否真的能用得上还无从知晓，但是这件物品占用资源是确定无疑的。

任何需要你投入大量时间或占用大量空间的物品在"娶进门"前一定要格外小心。除此之外，很多无用的小零碎积少成多，最终也会占用大量的空间，消耗额外的精力，因此也要格外注意。

如果我们把这些无用物品占用的空间资源称为"暗空间"，那么房间里的"暗空间"多了，人所能享有的自由空间就会少很多。所以，当你想去换一个大房子住时，不妨先清理一下屋子里的"暗空间"。并且，为了保持健康的居住空间，我们一定要警惕会带来"暗空间"的物品。**那些你根本不会用的东西，别让它们轻易混进你的居所。**

警惕"暗空间"！

永远追求命运之域

人为什么要不断出发？

乐观者认为人的每一天都是新生，而悲观者则认为人的每一天都更接近死亡。到底哪个是真理？其实每个角度都自有其道理。"人生迟早会输，会向命运认输，但别那么早地投降。"

一个人从嗷嗷待哺的幼儿、朝气蓬勃的少年，到风华正茂的青年，一路旗开得胜。但是，自从变成"油腻的中年人"，然后到步

履蹒跚、风烛残年的老年人，最后向这个世界告别，就是不断低头、投降、认输的过程。每个人迟早都会向命运之神投降，区别就是早晚和形式而已。所谓人生，其实本是殊途同归。

在某次从旧金山飞往北京的飞机上，我看了一部电影叫《迷失Z城》，讲的是英国探险家珀西·福斯特在20世纪初对亚马孙丛林的探索经历，片中记录了他三次深入亚马孙丛林，探索传说中的未知文明——Z城的传奇经历。这部电影是非典型的好莱坞影片，节奏舒缓（完整版时长141分钟），情节朴实，没有感情纠葛，没有轰轰烈烈的英雄，就连片子的结尾也没有出现常见的反转，以淡淡的悲剧告终。

但这部片子像《肖申克的救赎》那样，能让我每看一遍，都有所思考，而这种思考又能影响我很久。

片尾，福斯特和儿子行将被印第安部落献祭，父子之间有一段对话，感人至深，英文原文如下：

Percy Fawcett: "So much of life is a mystery, my boy. We know so little of this world. But you and I have made a journey that other man cannot even imagine. And this has given understanding to our hearts."

我翻译如下：

珀西·福斯特说："孩子，生活就是一个谜。我们对这个世界知之甚少。但你我已经进行了一次别人根本无法想象的旅程。这让我们（对这个世界）有更深刻的理解。"

影片在讨论一个很深刻的话题：我们为何而出发？影片最初，珀西·福斯特为了重塑家族荣誉，为了个人名誉，为了官职和荣耀而出发；英国皇家地理协会因为利益而发起了第一次探险（第一次出发是勘界，在第一次探险中，福斯特首次听说"遗失的文明"和 Z 城传说）。之后的探险，珀西·福斯特因为 Z 城的吸引力而出发。最后一次出发，福斯特因为 destiny（命运）而出发，也因为 destiny 而永远消失。

曾以为所谓自由是对任何事情说"No"的权力，后来才明白，自由是去做那些必须去做的事，完成必须完成的使命。

杰克·韦尔奇在《商业的本质》（*The Real-Life MBA*）一书中讲道："我们有一个妙策能帮助你明白应该如何度过自己的一生。这是一个被称为'命运之域'（Area of Destiny）的职业评估过程。"

杰克·韦尔奇这样定义命运之域：你所擅长的事情和你真正喜欢的事情的交叉点。他在书中引用了马克·吐温的一句话："生命中两个最重要的日子就是你出生的那一天和你懂得生存意义的那一天。"

命运之域的意义就在于帮助你尽快迎来"懂得生存意义的那一天"。

你每天习以为常的"文明生活"却让你忘记去探索自己的 destiny，忘记去追寻自己生命的意义。

人类的发展史就是文明的发展史，文明发展史就是奴役发展史。我们每一次文明的进步，都以奴役的加深为代价。尤瓦尔·赫拉利在《人类简史》中举了几个例子，首当其冲是小麦。农业革命发生时，人类开始种植小麦，但农业革命反而让农民过着比采集者更辛苦、更不满足的生活，并且把农民束缚在了某一片土地上。

如果你无法理解小麦的例子，可以想想手机的例子。手机让你无处可藏，智能手机更是让你沉迷其中。我们不断推动文明发展，又一步步成为文明的奴隶。等到人工智能真正到来之日，大多数人更会成为毫无用处的宠物。

还好，我们仅存的英雄主义情节让我们对珀西·福斯特这样伟大的探险家心存景仰。我注意到一个有趣的现象，我们可以从一些流行的产品名字上找到这些景仰的痕迹。比如三大浏览器：Navigator（英文原义为航海家），Internet Explorer（英文原义为探险家），Safari（英文原义为游猎），以及 Amazon Kindle Voyage（Voyage 的英文原义为航海、航空）。类似的例子不胜枚举。

我们为何而出发？我们出发是为了避免成为"油腻的中年人"，我们出发是为了不那么早地向命运投降，我们出发是为了寻找自己的命运之域。

为了命运之域而生活、工作、旅行，拼尽一切，才是真正的自由。我们不是去旅游，不是去重复每一天的工作，不是去无所事事，我们是为了命运之域。

人生迟早会输，会向命运认输，但寻找命运之域使人之所以为人，使你之所以为你，寻找命运之域使我们在认输之前保有尊严。

海明威的《老人与海》是人类命运的隐喻，但我喜欢这样的结局，也喜欢这样的过程。

活出自己的精彩

按照木桶原理，一个人的人生成就将被其短板限制。但是，大部分人的悲剧不在于无法克服缺点，而在于没有真正发挥自己的优点，没有在优点上投入足够的时间、精力和资源。

真我的价值

从记事起，我就知道自己无法靠颜值吃饭。不过有次公司的年会，我却因为下图的扮相引起了轰动。无论是上台表演节目还是在朋友圈发照片，大家的评价都是异口同声的"像"。一位大佬给我的评价是："真的是 GAI（一名歌手）！"

人生将近 40，我第一次因为"颜值"引起了别人的注意，始料未及，因为以往我都是靠实力说话、挣钱。说实话，为了准备这次 5 分钟的表演，我每天上下班路上，甚至写作时都在听 GAI 的歌（听着 RAP 写文章时，文章的节奏也是 RAP）。甚至走在路上，也戴黑色圆形墨镜，模仿 RAP 歌手的走路姿势。所以，我肯定自己在那天的年会上，的确是进入了"我是 GAI"的状态。

年会结束后，我很快回到了现实，我还是我自己，我成不了 GAI，无法靠颜值与歌喉发展。所以，还是回来谈谈自己的优缺点，以及我对于个人优缺点的看法。

我是一个优缺点都很突出的人，典型的优点是感受力和表达力强，所以，无论是写文章还是在各种场合做分享、参加脱口秀，都是光彩照人。此外，我习惯从长期的角度看事情，能坚守常识，所以做价值投资比较擅长，在工作中也以洞察力强和有远见（Vision）著称。

缺点呢，毫不讳言地说，我对于一些烦琐重复的细节毫无耐心，对于细节化的管理也不擅长，脸皮也不够厚。此外，还有一箩筐其他缺点。

按照木桶原理，我的人生成就被我的短板限制。但是，**大部分人的悲剧不在于无法克服缺点，而在于没有真正发挥自己的优点，没有在优点上投入足够的时间、精力和资源。**

人生只有短短 3 万天，我们花在弥补不足的时间太多，在这部分上投入时间，是典型的事倍功半，而且可能会越做越没有信心。

此外，我们身边有很多亲近的人，包括家人、老师、同事和老板等，常常在经意或不经意间抓住你的缺点不放。出于善意的考虑，他们可能真的是希望你能弥补短板，但是我们也得承认，还有一部分人是出于想控制你的因素，甚至有极少部分亲人也是基于这种心理。他们本身的人生比较灰暗，习惯通过贬低其他人获得存在感甚至是快感。

曾经就有朋友告诉过我，她的母亲从小认为她学习不好，没什么优点，总是责骂她，对她也很小气。她为此自卑了很久，虽然后来发现了自身也有突出的优点，但是每次想到小时候的经历还是很悲伤。

此外，我们在漫长的职业生涯中也会大概率碰到苛责的老板，他们总是抓住你的缺点不放，和这些人相处久了，你会经常觉得自己错了、自己不好，甚至忘记了自己的优点。如果这种情况长期得不到改善，你甚至会忘记自己的固有优点。

与此相反，也有一些好的老板、导师，他们非常在意你的优点。我在十几年前碰到过一个老板，对我人生的帮助很大。他的口头禅是：用人就要用人的好，总是盯着他的不好，他能好才怪。我在与他共事的那几年，获得了很大的信任和发展空间，也奠定了自己职业发展的基础。后续多年的信心和职业特点就来源于当年与这位老板的共事。我也把他的这种用人之好的信条吸收过来，用在自己的管理中。我愿意招聘并且重用的人，都是有突出优点而缺点我能接受的人。

展望后续的工作和生活，我们一方面要清楚地了解自己的不足，知道通过团队或者其他工具、机制去协同，但更重要的是要真正发挥自己的优势，在自己擅长的地方发挥更大的潜力。如果当下的平台无法让你发挥优势，那你就去选一个可以发挥的。不要因为别人或者环境贬低自己而看低自己，这是底线，因为这种伤害可能永无底线，也永无止境，而你只有一个人生。

别让一味贬低你的人控制你的人生，无论他是你的至亲还是同事。你要对你自己的人生负全责！

嗯，告诉自己：该我上台了！

忠于自己的内心

我们生活在各种社会关系中，夫妻、亲子、同事、同学……而我们的文化要求我们特别在意他人的感受，这种文化客观上导致了普通人在生活中更愿意小心翼翼地把自己"藏起来"。我们愿意从对方的角度出发，谨慎表达自己的意见。

比如在开会时，与会者更多的是想领导怎么看，发表意见的初衷就是证明领导是对的。如果没有想清楚领导的想法，或者没有想到自己如何论述领导观点的正确性，那么干脆不说。所以在一些会议上，鲜见激烈的讨论。

在大多数组织内的会议上，很少有人愿意做"少数派"，因为被孤立是一种令人不安的状态。所以，直抒胸臆的人很少。事实上，在大多数会议上，领导的意见会影响几乎所有人的发言内容。

不仅是开会，写邮件、写文章的时候不少人也会在意一件事情：领导对此会有何意见？这是高情商的表现，但是如果大家在"高情商"的路上越走越远，那么这个组织的声音就会趋同，真实的声音则会被掩盖。甚至在离开办公室，回到自己的"私空间"时，大多数人仍然言不由衷。比如那些只在朋友圈发公司信息、发公司广告、晒加班的人，他们的朋友圈其实是"工作圈"。他们所做的一切，全在乎公司领导、同事是否能看到。

这样的湮没自己不仅体现在工作关系中，还体现在家庭关系中。无论是配偶、孩子还是父母，我们更多的是希望去满足家人、取悦家人。所以，我们内心的真实想法很多时候也会被抑制，长期下来就成了一种常态：我们习惯于说他人喜欢听的事情，做他人喜欢看到的事情。唯独我们自己，缺少一个真正的空间，缺乏直接表达内心的机会。

我们从小就会不断地被评判乖还是不乖。听父母话、懂事、有眼色、少年老成，就是乖，被父母夸，被众人夸。越是被众人围绕的小朋友，越有这样的表现，比如一些少年明星。这就是文化对小朋友心理影响的体现。在这种环境中成长起来的人，会更多地隐藏和压抑自己。成年之后，在所有重要的社会关系中，他们只会"言不由衷"。

人生不容易啊，我们无法选择父母，所以有原生家庭问题的困扰；无法选择基因，所以有各种各样的缺陷；无法选择社会文化，所以被各种约束环抱；等我们有充分自我意识的时候，我们又背负更多的压力与责任，陷入更多的关系之中。你想与自己相处，但缺少空间；你想走得慢一些，但很多双眼睛在看着你。很多人讲"原罪"，我们每个人与生俱来的这些负担就是原罪。**所谓救赎，就是回归天性，找到自我，直到最终获得自由。**

这一切不容易，但值得做。

没人在乎你是谁

很多人特别在意自己，但是其实世界上真正在意你的人不多，一双手就可以数过来：你的爱人，你的父母，你的子女（如果有的话），你的最好的两三个朋友，对你最依赖的三四个同事。

所以，这里我们不讲那些在意你的人，只讲其他人。

2013年1月，我参加湖南卫视《天天向上》节目，现场效果很不错。当时微博很流行，节目在一个周五的晚上播出，我们当时正好在郊外参加团队建设活动。在节目播出的时候，我还想，自己的微博粉丝不知道要增加多少。

结果，就微博这一项很令人失望，全国至少几百万人看了节目，但是因此加我微博的人不过二三百。我还特意上微博搜索了相关的关键字，但谈论这个节目、谈论我的人也不如想象的多。

这是为什么？节目录制的现场，和汪涵等人的互动非常有趣，田源同学还在录制现场对我说："你要红。"

但是，为什么没有红呢？

相反，倒是配合我们演示的一个女同学，因为几个镜头就走红了，起码她当时的热度远远超过参加当天节目的其他人，不管是副总裁还是我。

这是我第一次深刻地体会到一件事：没有人在意你是谁。

在我开始做"改变自己"公众号的时候，总是觉得会有人关注我、在意我。所以，很多文章里都会体现"我"这个元素。在开始做会员制的时候，我们更加注意数字，但是数据证明了一件事情：没有人在意我是谁，或者我们还没有重要到让别人因为我们的名字而买单的地步。

我们持续监控转化率的数据，比如阅读量、新增的粉丝、当天新加入的会员。后来我们从一个月开放一次窗口变成当天可以即时加入，这时候看数据更加真切了。往往我们非常在意的文章尤其是自己的文章，未必有很高的转化率。反倒是一些会员朋友的"现身说法"的简单表达，能促使很多粉丝付费。

这至少表明一点，单纯地说"我想做什么"，并不能马上说服很多人来付费，但是一旦有其他会员朋友无意中的"证言"，转化率就会高很多。

另外，我们在安排每周语音主题的时候也发现，感动我们自己的未必能打动其他人。比如我谈论自己因一次失去而思考人生意义时，会员反馈的数据就比较少，这说明很多人缺少代入感。但是当我讲财务自由、工作技巧、改变的方法的时候，反馈的人就会明显增多。

其实没有人在意你是谁，大家在意的是：你能给我带来什么价值？

当然，你甚至可以拿这个道理去思考追星和粉丝现象。其实这些年那些红得发紫的明星，虽然坐拥百万、千万粉丝，但是大家并非真的在意某位明星，而在意的是追星的时候自己内心那种虚幻的归属感。

所以，想明白这个道理，我们需要注意两件事情。

第一，在公司和自己业余时间的事业中，永远以"为他人提供真正价值"为导向，而不要自嗨。

第二，避免任何时候都是数据导向、利益导向，这样是短视的，你也会在迎合大众的习惯中逐渐失去自我，最终被大众抛弃。

所以，人生就要像一盘小菜，不咸不淡，自己吃着开心，别人看着悦目。

升维思考

你会经历从"只见自己"到"看到众生"和"看到终生"的转变。你不是在解决此时此刻的问题，你是在解决长期的问题；你不是在解决小我的问题，你是在解决大家的问题。你的思考因此有了更深刻的意义。

升维思考，降维攻击

尼采曾经说过："凡不能毁灭我的，必将使我强大。"很多人赞同这句话，并将之奉为至理名言。但是为什么那些不能毁灭自己的东西，能让自己变得更强大？你是否想过究竟？

某次和朋友吃饭，他谈到自己的焦虑，有年龄上的，也有工作上的。我说："挺好的。"焦虑是一种警示机制，如果没有焦虑，那么你会平平淡淡过每一天：早晨挤地铁上班，晚上加班打车回家。

在公司里忙忙碌碌一年，为升职加薪努力，期间不问任何缘由。直到有一天，你所预想的事情没有发生，比如没有按照预期时间升职，而那些你不想要的东西（比如年龄见长、家庭压力变大）却日渐逼近，你会觉得焦虑。

当你开始焦虑，你才会有精力认真思考未来，思考自己目前的道路。人本质上是偏于安逸、懒于思考的。美团点评创始人王兴曾经引用过一句话："多数人为了逃避真正的思考是愿意做任何事情的。"这句话虽然残酷，但非常真实。不信你问问自己在过去的三个月是否深思过。**只有焦虑、真正痛彻的焦虑感才会逼你开始思考。**这是人的劣根性所致，当然也可以好好利用，比如利用焦虑真正逼迫自己思考未来，思考自己，思考选择。

当你开始真正思考时，我有如下建议给你。

对于当下层次的困惑，要提升一个层次去思考，然后回过来解决问题。这就是所谓的升维思考，降维攻击／行动。比如你工作遇到困惑时，就应思考自己的择业原则；经济紧张，就要想清楚如何获得财务自由。站在更高的维度去看自己当下的困难，就变得容易很多。每一个困难都会成为新的出发契机，而现实问题的解决不过是升维思考、降维攻击的副产品而已。

我自己在 5 年前经历过巨大的焦虑，其实一开始就是觉得工作不稳定、收入不够花。但是经过"升维思考"，我把问题提升到如何解决自己财务自由的问题。并且我想找一种普适的方法，不仅适合我自己，也适合更多的人。

以此为契机，我想清楚了有关财务自由和精神自由的问题。比如我明确了自己必须有三个经济支柱，而不是像以往一样，只有薪水一项；我必须在投资理财上下足功夫，并且投重注，这样才能解决最终的财务自由问题；我必须认真对待自己的兴趣，给自己一个可控的支点。这是通过升维思考解决自己当下与财务相关的选择问题。

有些朋友面临职业选择时，不知道该何去何从。对此我有简单的答案：站在 7 ~ 10 年后的角度来判断哪一类公司会赢，这个问题的答案要比预测明年哪个公司会胜出简单很多。如果你正好处在那种长期会赢的公司，那么短期受一点委屈、工资少一些、职位低一些，都不是问题，千万别"下车"。很多人在找工作的时候会过分关注眼下的一些细节，比如老板是否是自己欣赏的类型，工资是否多三五千，上班地点是否离家近。**但站在 7 ~ 10 年后的角度来看，这些都不重要。你要考虑的是这份工作是否能让你的生活产生质变，是否能带给你财务自由的期许。这是通过升维思考来解决职业选择问题。**

升维思考是从具体问题中跳出来，尝试去解决更高层的问题、更长期的问题、根本的问题，甚至是更多人的问题。乍一看，我们在提升问题的难度，但是通过升维，我们会忽略掉一些无关紧要的细节，聚焦在真正关键的问题上，这样反而简化了问题。并且通过升维，问题本身的意义得以深化，我们被迫做更深刻的思考，而改变本身的动力也更为持久。这就是升维思考之所以有效的秘密。下面是更多的例子：

（1）如果你碰到学英语的问题，不妨上升到学习任何语言或者熟练使用英语的高度。

（2）如果你碰到短暂的财务危机，不妨认真思考一下财务自由的问题。

（3）如果你被感冒折磨了两周，不妨认真考虑一下如何保持长期的健康，增强对任何疾病的抵抗力。

（4）如果你和父母相处不好，不妨深刻地思考一下原生家庭问题的渊源和解决方案。

（5）如果你在工作中不顺，不妨思考一下整个职业规划问题或者这一代人所遇到的工作、生活困境。

当你眼中只有当下、只有自己时，烦恼、焦虑甚至是痛苦可能会让你无法呼吸，找不到出路。但是一旦你跳出当下、跳出小我之后，反而具有了更广阔的视角。**你会经历从"只见自己"到"看到众生"和"看到终生"的转变。你不是在解决此时此刻的问题，你是在解决长期的问题；你不是在解决小我的问题，你是在解决大家的问题。你的思考因此有了更深刻的意义。**

当头脑逐渐澄明、前途逐渐清晰的时候，选择和行为就会变得简单。也就是说，当你能搞定升维思考时，自然就搞定了降维攻击。想与做融为一体，不再割裂，问题自然就解决了。

到此为止，任何不能毁灭你的，都是具体的困难，只不过给你提供了深刻思考的机会，让你有机会解决更长期和更广泛的问题。而深刻的思考必将带来强大而坚定的行动力，自然会让你变得更强大。

逆向思考的力量

坦率来讲，从 2014 年开始，我在股市上的收益都源自自己的逆向思考。

所以，从进入股市的第一天起，我的投资风格就属于保守型，即在选择任何一只股票之前，我首先想的不是这只股票能增值多少，而是这只股票是否足够便宜。

这个理念一直指引着我。比如我在买 Apple 股票的时候，市盈率只有 9 ～ 10 倍（对比美股一些新上市的科技股市盈率高达 100 倍以上，国内创业板股市盈率高达四五十倍）。买茅台股票的情景与此类似，我是在各种有关茅台的坏消息满天飞，股价跌倒 140 元左右的时候买入的。

之所以提起这件事情，主要是想说明当我们在投资时，首先不要想着赚大钱、发横财，而应想清楚如何不亏本，这样反而会得到更好的收益。事实上，这也是巴菲特独步江湖 40 多年的最大秘密。

当然，如果仅仅记住不要亏本，其实也有问题。在不要亏本的基础上，看到机会要勇于下注。这是我敢拿出大部分闲钱投资股票并一直持有至今的原因。

逆向思考的原理不仅是巴菲特、索罗斯、查理·芒格这些投资家的投资哲学的基石，也可以用于生活的其他方面。比如以下例子。

（1）创业最好"不差钱"。

现在创业无疑是一件时髦的事情，好像不创业就愧对人生。但是我想说，根据我这么多年的工作和创业经历，其实大多数人并不适合创业。除了性格和能力本身，最重要的一点是很多人不知道自己为什么要创业，也不具备创业的经济条件。

问及为何要创业，很多人归根结底是想博一下、赚大钱，希望通过创业获得相比于工资几百倍、上千倍的收入。但是，从我这么多年接触过的创业者来看，很多创业心态好的，反而是经济无忧的人，即已经不缺钱的人，起码是达到了"超市财务自由"。这些心态好的人，在形势不明朗的情况下，更容易坚持，因为心里不慌。他不是非常有钱，但是能做到不为明天的面包、下个月的房租、孩子的奶粉钱担心。而且这个期限是 3 ~ 5 年。即使他在这 3 ~ 5 年内只能从创业公司那里拿到少到可怜的生活费，也是心里不慌的。

微软创始人比尔·盖茨、戴尔电脑创始人迈克·戴尔、阿里巴巴创始人马云、美团 CEO 王兴等都是在并不缺钱的前提下开始创业并取得成功的。

不是说只有富二代才适合创业，只是要创业，你首先得承认失败的概率是很大的，你必须有好的心态。**好心态的前提是你可以不从这个创业公司拿收入，白干 5 年而生活品质不受太大影响。**

的确，有那些穷得叮当响的人创业成功的例子，但是相比那些有一定家底、心里踏实的人，这些经济负担很重的人创业成功的概率并不高。

（2）开车第一要务是不出事故。

很多年轻朋友在开车的时候，就是想开得爽、开得快。我在 2006 年拥有自己第一辆车的时候，每天开车时告诉自己的是"不要出事故"。快一点，超过一两辆车，也就是比别人早回家一两分钟的事情，但是出了事故，这一天就回不了家了。

可别以为我是开车慢得像蜗牛一样的司机，在条件允许的情况下，我都喜欢按照最高速度开。但直到今天，我开车的信条依然是：不出事故。

（3）坚持健身的前提是不受伤。

谈到跑步，不少人心里想的都是要像村上春树那样跑马拉松；谈到健身，大家脑子里想到的都是八块腹肌、人鱼线、马甲线、倒三角……

但是，你知道有多少职业运动员受困于伤病？别说运动了，他们在退役后甚至连正常行动都有问题。如果问一些能长期坚持运动的人对他们最重要的事情，回答多是："不要受伤。"

不要跑得自己心率过快，第二天都降不下来；不要一次承受太大的重量，搞到肌肉拉伤；不要太大强度，损伤了跟腱或者膝盖。每一次小小的伤痛，都是你中断运动的罪魁祸首。

所以，想要长期坚持运动，首先要注意不要受伤。至于人鱼线、马甲线等，都是不受伤的前提下才有意义。

（4）"断舍离"藏书首先要问自己：只留哪几本。

当我们在整理自己的藏书，准备做个断舍离的时候，发现这一本不舍得扔，那一本也不舍得扔。

不妨反过来思考，既然扔哪本很难决定，那么我就要确定留哪一本。

如果我只能留两本书，是哪两本？这就需要你选出截至目前，你生命中最重要的两本书。然后可以继续反推，如果我只能留10本书，是哪10本？如果我只能留20本书，是哪20本？把你优先留下的书，放在最上层书架，第二层是次级重要的书，第三层是再次级重要的书。这样，要断舍离的时候，从下面的书架清理起即可。

关于逆向思维，查理·芒格最有名的一句话就是："如果我知道我要在哪里死去，我就永远不去那里。"

所以，回到明年的誓愿本身，最难的不是想"我要做什么"，而是想清楚"我可以不做什么"。

今天，你逆向思考了吗?

警惕沉没成本

生活和工作中经常有一些不如意的事情，但是我们的习惯一般是忍受缺陷，修修补补，很少有推倒重来的勇气。长期来看，这种习惯会给我们带来更大的麻烦。

我经常需要处理表格数据，每张表的数据从几百组到上万组，这个数据量级完全手工处理是不现实的。于是两年前，我用 Python 写了一个脚本（一种简单的代码），基本解决了问题。

但这个脚本不太完美，经常会出现这样那样的问题。在没有问题的时候，可能 5 ~ 10 分钟就能处理完数据，但是在出错的时候，往往需要花 30 ~ 60 分钟去定位错误。因为大部分时候能正常处理数据，所以，每次碰到处理数据出错的时候，虽然有心去重写脚本，但是在临时解决完问题之后，又很难再有勇气去重写脚本，因为重写脚本可能需要花 2 个小时以上。

但是，这两年的修修补补，这些浪费的时间加在一起，也是很"可观的"。不过，我依然没有打算去重写脚本，如果能凑合一辈子，也许我就会这样凑合下去，直到有天晚上的一个意外，逼迫我不得不面对这个事实：这种修修补补不能再继续下去了。因为那次数据量比平时稍大，格式也不是很规整。结果，脚本不断出错，即使在我花了两个小时解决了一些问题之后，依然没有处理完成。

当时已经是晚上 11 点多，我在多次痛苦的挣扎之后，决定重写脚本。我在备忘录中写了自己的另外一条思路，然后开始按照这条思路重新写代码。结果，居然只用了 40 分钟就基本走通了这条路。而且代码量从过去的 170 行，变成了不足 30 行。虽然还有一些小问题，但这样一种思路明显会取得更优的结果，因为整个过程更加清晰可控，而不是依赖第三方库。做到这里，我心满意足地去睡觉了。可以想见，如果是继续在旧代码中苦苦追寻，估计到了半夜还是一脸怨念，未必能睡一个踏实的觉。

后来我反思这个问题：为什么自己能容忍这种不完美如此之久？为什么没有勇气推倒重来？为什么另外一条路如此简洁有效自己却一直执迷不悟？

这里面有懒惰的原因，也有沉没成本（Sunk Cost）的心理因素。

沉没成本是指已发生的成本支出，但不会影响当前行为或未来决策。理性的决策者应排除沉没成本的干扰。

简而言之，人们会因为过去已经花出去的钱、投下去的精力和已经付出的感情来决定是否继续这样做下去，而不是着眼未来去做判断。之前沉没成本总被用来解释一些情侣明知有问题、没有美好未来，却彼此不说破、纠缠很久的感情困扰，但沉没成本在工作和投资上的体现更加突出。

因为我最初做这个脚本时调用了第三方的库，比较辛苦，所以一旦基本完成，因每周使用，不断地修修补补，对这个不完美的脚本的依赖越来越大。而每周的使用和不断的修修补补，都是沉没成本，会随着时间而累积变大。随着成本变大，自己越来越难摆脱，尽管内心深处总是能意识到这个脚本的不完美和复杂之处。

类似事情在工作中层出不穷。比如股民经常在被一只垃圾股套牢之后依然希望能有回春之术，而不是果断放弃。这背后都是巨大的沉没成本因素在起作用。

希望我们能以此为戒，经常有推倒重来的勇气和快速迭代的实践，在做决策时更能着眼未来，而非总是盯着已经发生的事情。

远离单点支撑

人生和电动车很相似，需要解决充电问题才能走得更远。先从我开电动车的经历讲起。

起初我在开 Tesla Model X 出城的时候有很强的里程焦虑，2017

年国庆节期间，我从山东德州充完电之后在其后的山东省内的服务区再也没有充电，后来在极其惊险的情况下抵达400千米之外的徐州超级充电站。

从那之后，我应对的措施变为确保在剩余续航里程内至少有两个可靠的充电站，这样即使一个站有问题，另外一个站也可以确保充电。自从采取"双点支撑"的策略之后，再也没有碰到过严重的里程焦虑。由此我认识到一个道理：所谓的电动车里程焦虑，其本质可能是"单点支撑"，即在剩余的续航里程内只有一个充电站。如果在剩余续航里程内有两个充电站，就不容易产生里程焦虑。如果充电站遍布停车场、加油站、休息区、酒店，甚至像北欧一样在电线杆上都安置了充电桩，即在续航里程范围内有很多充电桩，那么绝对是无里程焦虑的。

人生也是一样，如果把我们自己视为一个电动车，我们也是有一定的续航里程，需要不断充电才能不断前行。比如收入，你的收入单一，就是非常明显的单点支撑，如果没有存款，这个月的账单需要等这个月的工资来支付，就是在单点支撑的情况下没有存储到足够的电能。而《富爸爸穷爸爸》一书中把财务自由定义为"在不需要工作的情况下，资产能够维持一生的基本需求"。达到这种状态的人仿佛是一个电能充足、可以永久续航的超级电动车。**而为了达到财务自由的状态，就必须克服单点支撑。单靠工资收入的人，很难达到财务自由。**

收入只是一种显性的支撑，此外还有很多更重要的隐性的支撑，比如认同和朋友关系。如果你获得的所有认可都来自上司或体制内，那么换一个上司或者脱离体制后，你会瞬间归零，这种落差感是极其痛苦的。又如你的朋友尤其是交心的朋友极少的话，很可能在你遇到困难的时候得不到足够的精神支持。

我把这种单点支撑的局面称为"一维世界"，在这种一维世界中，无论你取得多么高的成绩，获得多高的认同和收入，都是充满巨大风险的。单点失效的话，整个通路都会阻塞，你所有的一切可能会在瞬间化为灰烬。这样的所谓成功，是脆弱的，别说"黑天鹅"事件，连稍微大的波动都经受不起。这不是真正的安全或者自由的状态。

> 在这种一维世界中，无论你取得多么高的成绩，获得多高的认同和收入，都是充满巨大风险的。

如果你从毕业就一直在职场，你大概会有 99% 的概率在一维世界里，这是大多数人挣扎的原因。我们太在意眼前的安全，却对未来的风险视而不见，选择性地忽略，而个人梦想更是无从提起。

一直陷于一维世界，实际上是一种风险极高的状态，经不起任何风吹草动，老板调整、业务调整、部门重组、公司裁员、经济危机导致降薪等，都会让你非常难受，且没有其他出口。

与此相反，如果能在某个契机下，勇敢地选择多维人生，就有可能产生非常积极的变化。我自己 5 年前经历职业的低谷之后，毅然选择去建设更多的支撑点，比如开始认真地投资理财，在业余时间写微信公众号。这些支撑点不仅成为我更多的经济支撑点，也成为我更多的精神支撑点。当你发现自己的只言片语能给很多年轻朋友极大启发，甚至改变他们的人生轨迹时，你会从不同的角度去认同自己的价值。

其实每个人生来都是多维的，有多种才能，可以有多个支撑点，和世界有多种连接，但是在日复一日的工作中，我们逐渐变得越来越闭塞，越来越单维，甚至有时在单点出现故障时，被卡在一维的世界里动弹不得。这一点应该被打破，而且完全可以打破，而方向就是重新找回多维的自己，为人生多建几个支撑点。可能前路曲折，但一定值得去做，因为这是我们仅有的人生，不要留下太多遗憾。

共勉之。

衡量人生的另一种维度

有一次我在和朋友吃饭时谈到"衡量人生的另外一种维度"。

别小看衡量手段，有什么样的衡量手段就有什么样的行为。比如我们上学时，考试成绩和排名就是最重要的衡量手段。在上大学以前，我们人生最大的目标和意义就是好好学习，努力考出好成绩，上一所好的大学，所以高考在这个阶段成为了最重要的指挥棒。

大学期间，找一份好工作又成为了最重要的指挥棒，所以很多同学从大三开始就出来找实习机会；一些同学则愿意再花一些时间读硕士、博士，希望通过更高的学历找更好的工作机会。

工作之后，升职加薪又成为了新的指挥棒，所以我们的一切行为都围绕升职加薪展开，我们的一切喜怒哀乐也围绕升职加薪展开。这看起来似乎也没有错。

但在工作将近 20 年后我才发现：我们可能忽视了更加本质的东西——自由时间和快乐。而自由时间和快乐可以作为另外一种衡量人生的指标。

为什么要强调这两个要素？我们往往会因为出发太久而忘记了出发的原因，在追逐名利的过程中疲惫不堪，忘记了问自己当下正在忙碌的事情是否是自己命中注定要做的事情（暂且称之为"那件事"），忘记问自己是不是开心。

忘记初心会距离目标越来越远，而误以为有了名和利就可以获得快乐也是有问题的。在我们挣钱越来越多的时候，快乐似乎离我们越来越远。假如手机每天可以默默地拍下你的面容，那么你在某一天回溯过去日子的面容，无需借助人工智能或者大数据分析，只要数数笑脸出现的频率，就会发现自己一段时间是开心还是正好相反。我相信很多人的答案是：不够开心。

当我自己的财富越来越多，但越发难以找到开心感觉的时候，当我发现身边以及线上的朋友也有类似状态的时候，我深切地感受到：一定有什么事情错了。因为这种现象并非个别情况，所以一定是系统性的问题，而非个案。

那是对于人生意义和价值的衡量标准出了问题。我们太在意外在的名和利，太在意其他人怎么看我们，而鲜少机会去问自己：

自己究竟要做什么？自己是不是快乐？而当名利与我们内心所真正向往的事情、自己的快乐出现矛盾时，我们不假思索地选择了名和利，以为有了名和利就可以解决一切问题。但最终这一切是徒劳的。

回到大家喜欢谈论的财务自由本身，我认为其实质并非金钱的多少，而在于时间，我甚至认为所谓财务自由的本质就是拥有足够的自由时间，即不再需要通过出卖自己的时间去获得收入，而是可以自由支配时间去做自己必须要做的"那件事"——命中注定需要自己去完成的事情。在做那件事的过程中，找到自己生命真正的意义。

而与之密切相关的状态则是快乐，这是一种由内而外的喜悦之情，是只有在做那件事时才会产生的状态。

以自由时间和快乐两个维度去衡量自己的人生，在每天的生活中做出大大小小的选择，你的人生可能会截然不同。

名和利　　自由和快乐

如果有一份工作能给你高薪，但要求你做你并不喜欢的事情，或者这件事情无法带给你快乐，你该选择接受还是放弃？基于名和利优先的原则，你会咬牙接受；但是如果基于自由时间和快乐优先，则需要放弃。

当然，彻底切换人生的衡量标准需要你迈过一定的物质底线，其实有舒服的地方住、有健康可口的饭菜吃并非难事，但我们经常在超越物质底线很长时间之后仍然陷在无尽的名和利当中，这种追逐对于 99% 的人而言会无疾而终。因为欲望的世界里没有"尽头"一词。

曾有杂志得出一线城市财务自由的标准是 2.9 亿元的结论，而我在深圳的同学也曾说过"10 亿元财富之下的生活状态都类似"。我们暂且不去讨论这些数字出现的逻辑，但 99.99% 的人如果照着这个目标去追逐的话，只能彻底沦陷。

基于我的观察和思考，财务自由是普通人可以通过正确的选择和正常的努力达到的目标。只要你牢记自由时间和快乐优先的原则，并且按照这种原则去做人生选择，则自由时间和快乐会距离你越来越近。

原因很简单，人生价值最大化的前提是你去做命中注定的事情，并全情投入。而在这种状态下，你必然很快乐。只要尽力去把命中注定的事情做好，那么每天都会很快乐，这样的人生就值得期许，其最终给你的综合回报也要远超苦苦追求名和利的回报。还有什么其他标准的财务自由能超过这种自在且快乐的状态？

接纳的力量

罗振宇在 2017 年跨年讲演中特意强调了焦虑一词，我对这个词的理解比很多人都要早一些，这源于我在 35 岁时持续整整一年的焦虑。我最初特别敏感于焦虑时的各种不适，比如心跳加快、头晕目眩。并且每次碰到各种不适时，总会更加紧张地去看心率表，去关注自己的头晕目眩。这样的反应不仅无助于恢复，反而会加重问题。这是我在看英国威克斯大夫所著的《精神焦虑症的自救》一书时才理解的道理。这本书提出了一个方法，一下子点醒我这位梦中人。书里介绍了面对、接受、飘然、等待四个关键词，对我来说恰恰是灵丹妙药。

面对是指不否认、不逃避，承认自己目前处于不适的状态；接受是指以不对抗的心态去面对不好的状态，接受这件事情已经发生，接受自己不适，接受这件事情发生在自己身上，接受这件事情在此时发生；飘然是指以一种轻松的心态来旁观自己，甚至可以想象自己思想出窍，能飘在空中观察自己，看看自己的种种不适；等待是指安静地、有耐心地等待好转。

我在看完此书之后，立刻找到了可以在喧闹的餐馆就餐的方法。其实当时我依然是头晕脑胀，但是突然间不害怕了。我知道这种问题死不了人，我的确是不舒服，但在内心中告诉自己：接纳现在，就让它不舒服吧。然后开始专注于吃饭。说来奇怪，尽管头脑不舒服，但是能安静地吃完饭。从那天开始，我不再逃避之前视为喧闹之所的餐馆，我就坐在人群中吃饭，听任自己头晕目眩。过了那么几次，我发现也没什么大不了。后来我逐渐对这种恐惧的地方"脱敏"了。

我用类似的方法搞定了好几种不适的场景和状态。然后，焦虑的问题居然真的自愈了。如果我没有这种武器，我一定会过几分钟就测量一次体温，不停地关注心率，身心的不适感反而会加重。

其实接纳绝对不是阿Q精神，这种心理武器有内在的强大逻辑。接纳首先是承认现实，而不是否认现实，并且通过认可、接纳来化解因为对抗带来的更大的焦虑和其他不适，从而带来心理的脱敏和释怀，这反过来会影响身体的感觉。

观察你所遭遇的一切，接受事情已经发生，以客观的角度去描述事情的细节，冷静地对待，然后让时间给你更好的答案。

时间为何能在接纳之后起到更加积极的作用？其原因在于所有的身心不适，其实是内在矛盾的外在体现。如果你把任何症状看成身体的信号，那么给你带来所谓的坏消息的症状，反而是及时告诉你要注意身体内在的问题，比如疲劳或者不健康的生活节奏等。《功夫熊猫》中，功夫大师对阿布说："没有坏消息、好消息，只有消息。"的确如此，所谓的好坏是你自己的评价角度。而带给你消息，无论是你以为的好与坏，都是积极的事情。因为只有通过可靠的消息、信息，你才可以清晰地判断形势，采取正确的行动。

作为练习，你可以在纸上写下自己最近三天最好是今天所遭遇的最不爽、最不适的事情，无论是身体还是心理上的。以尽可能客观的心态做真实的记录，不评价好与坏，并且用平静的语气读出来，告诉自己：事情已经发生。如果你能以非常客观甚至是旁观的角度来描述业已发生的事情，那么你已经不那么讨厌、害怕这件事情了。

以上就是接纳能带给人的强大力量。接纳从本质上来说是一种至柔的武器，柔软到无法被其他利刃所伤到，像丝绸或者水。

传说孔子曾找老子请教，老子张开嘴，指着自己的嘴问："你看我的牙齿怎么样？"孔子说："已经掉了"。老子又问："那我的舌头呢？"孔子说："还好。"老子又合上眼皮，静养去了。

接纳，就是让你拥有舌头这样强韧的"武器"，能适应一切冲击，而非脆弱的牙齿，外强中干。

第四章

连接今日与未来

其实对你人生重要的一切事情，都可以从持续写作的过程中得到启发。你需要认可这件事情对你人生的重要意义，通过日复一日的坚持，逐步提高技能，最终发现超越辛苦的乐趣。在不断强化的正向激励之下，把这种活动内化成自己的生活之必需，从而超越坚持。

正视自己

我们要做的，不是等到老年，不是等到外力临近的时候再去"咆哮""怒斥、怒斥光明的消逝"，而是要勇敢地跳出自己的小盒子，打破舒适区。

跳出舒适的盒子

工作十几年后的焦虑

2013 年，在本科毕业的第 13 个年头，我迎来了自己的 35 岁。长期以来积累的各种压力爆发，我陷入深深的焦虑之中。最核心的焦虑就是：10 年后我的竞争力在哪里？ 10 年后在这个依然保持青春活力的公司，在这个野蛮生长的行业是否有自己的一席之地？

在与焦虑磨合的过程中，我写了一些文章，作为反思的结果。其中包括《工作几年就该给自己"清零"啦》和《35岁时的职业感悟：慢下来》。这两篇文章分别发在"改变自己"公众号和公司内网上，均有数万的阅读量。从大家的反馈中，我发现这种焦虑很多人都有。原因很简单，很多一线的干将是生于1985年左右的，而这些同事马上就会迎来自己的35岁，也会有"自己10年之后做什么"的焦虑。在此，我分享自己和焦虑磨合的最大心得：承认在这个高速发展的时代，不焦虑是不可能的。早一点焦虑，比晚一点焦虑好，因为你还有青春的尾巴可以抓住。

到了2014年，我已经学会与焦虑和平相处。把焦虑变成一种警示，一种启迪，一种推动……工作和生活也逐渐恢复了平静。

初识"盒外思考"

我曾在某年初夏去以色列出差。以往只在新闻中见识的国家突然出现在自己的身边，回来后我感叹：特拉维夫这个只有40万人口的城市，人数基本相当于北京回龙观（北京的一个居住区），却能孕育出5 000多个创业公司，真是活力无限！我问自己：是什么样的机制和思维方式孕育了这种创新？当然，你见到的每个以色列人、每个以色列公司都可以讲一个自己版本的"为什么"，包括军事和大学等机制，但与一家咨询公司的短暂接触给了我另外的启发。

咨询师上来就给我们每个人一张印着黑白图案的纸板，让我们按照纸板上所示的虚线将纸板平分为三个矩形。然后告诉我们挑战是把这三块纸板拼成两个马背上的骑士图案。结果，在限定的时间内，没有人能做出来。

后来答案揭晓，原来只要把纸板换个方向就能拼出来。为什么没有人能拼出来？答案很简单，这个纸板在拆分为三块之前，上面印着一个图案。这个图案影响了我们的思维。

这个公司把这种在暗中限制你的思维和想象力的图案叫作box，而他们所推崇的就是如何 thinking out of box（盒外思考），即如何破除自己内心的限制与障碍。

其实，思想上的盒子（box）是无处不在的。比如：

（1）如果你一直在做研发，那么研发的思维习惯对你而言就是一个盒子。

（2）如果你一直在做财务，那么财务的工作惯例对你而言就是一个盒子。

（3）如果你一直在国企，那么国企的氛围对你而言就是一个盒子。当然，如果你一直在外企，那么外企文化对你而言也是一个盒子。

（4）如果你很少出国，那么国内的环境对你而言就是一个盒子。

（5）如果你很宅，很少出北京，那么北京的各种环境（自然、人文和网络等）对你而言就是一个盒子。

……

这样讲下去，每个人每天都处在各种各样的盒子里。区别只是每个盒子的形状、大小和位置可能不同。

为什么要"盒外思考"

其实一直待在盒子里很舒服，因为你很熟悉各种细节。这种熟悉让我想起一个同事说的：上下班的路线都可以自动驾驶回去。在公司也是这样，当你一直处于一个盒子中时，你知道边界在哪里，坑在哪里，哪种活儿是好活儿，容易升职……总而言之，你熟悉各种游戏规则。

如果工作、生活就这样一直熟悉下去，即使发展，也是线性匀速的再发展，一切结果都在掌握之中，这该多好！

但是从历史来看，这种舒服的盒子注定要被打破。至少有四种力量会惊扰这个盒子的宁静。它们分别是：

（1）你身边的年轻人。我在 2002 年刚去 Motorola 的时候，周围的同事叫我小张。在百度时，周围的同事客气地称我辉哥。我所经历的这种变化，很多人迟早都会经历。快速成长的企业和行业都有大量招聘应届毕业生的传统，环顾你周围的座位，如果看不到一两个刚毕业的年轻的身影，那么说明你的环境有点老化，要当心啊。年轻人更有冲劲，更愿意学习，待在办公室的时间更长，成本比你还低……这就是所谓的长江后浪推前浪。年轻人最终会占领这个世界，只是早晚的问题。你唯一要问自己的是：我何时不再被这个环境所需要？

（2）技术发展的力量。在同龄人中，我是最早一批拥有个人电脑的人，在1993年刚上高中时我就有了人生第一台电脑——采用Intel 80286处理器，配备单色显示器的台式机。而现在，3岁小孩已经把iPad玩得很熟了。这就是技术进步带来的巨变！《奇点临近》一书中有一个理念，即技术会以指数特征增长（指数增长的一个典型是巴菲特的投资以20%多的年均复利增长40多年，实现了4 000多倍增值）。按照这种趋势，不出30年，整个人类社会的面貌会有天翻地覆的变化。你是否问过自己，未来会不会出现你今天所擅长的一些技术活儿被机器代替的局面？有人说过：人们习惯忽视量变，在质变的时候则被打得措手不及。这句话揭示了我们在日常生活、工作中对于指数力量的忽视。关于技术替代人力的担心，其实美国人担心得更早，可以参考丹·平克的《全新思维》和埃里克·布伦乔尔森的《与机器赛跑》。

（3）黑天鹅的力量。欧洲大陆的天鹅没有黑色的，所以，欧洲人开始以为没有天鹅是黑色的。直到他们第一次踏上澳洲大陆，发现了黑天鹅，才重新修改了自己词典上对于天鹅的描述。塔勒布在自己的著作《黑天鹅：如何应对不可预知的未来》和《反脆弱》中都提到了黑天鹅的例子。他借这个例子讲述了一种极其罕见的事件一旦发生，就可以颠覆世界。我们经历过的例子包括2000年互联网泡沫和2008年世界金融危机。也就是说，不到10年时间，就有两三次全球性的黑天鹅事件发生（频繁发生黑天鹅事件可能是全球化、信息化的副产品）。虽然我们无法预测这种黑天鹅事件何时会再次发生，但这种事件一旦发生，会影响每个人的生活。你是否有能力挺过这种事件，从而具备反脆弱的能力？如果经济危机爆发，你是否有能力挺过减薪、裁员甚至几个月找不到合适的工作？

（4）颠覆式的创新。我刚入职 Motorola 的时候，曾经一度打算在那里干到退休（很多外企的人都有同样的梦想）。可惜好景不长，2007 年 iPhone 和 Android 系统的诞生打破了一切固有的秩序。原先发展得很好的跨国企业突然发现自己的主业要被一些外来者颠覆了！原来在这些企业中做着美梦的同事们发现：梦要醒了。还有滴滴打车，它只花了数年时间就成为如今的超级独角兽公司。如果你所在的行业门外有这样一批虎视眈眈的颠覆者，你怎么可能舒舒服服地过日子？所以，今天你的日子越舒服，你就要越发担心。因为舒服意味着你所在的行业和公司有利可图，利润率高，大家都会对之虎视眈眈。

不要温顺地走入那良夜

如果我们的生命以 80 年计，那么一个公司的寿命短则几年，长则数 10 年甚至上百年，我们的职业生涯一般会持续 20 ~ 30 年的时间（按照退休的最新规定，可能是 40 年）。在这个过程中，任何一个生命体，都会在某个阶段进入一个短暂而相对平稳的阶段。这就是所谓的舒适区，即我们所说的"盒子"。

舒适区理论把人的生存环境分为舒适区、延展区和恐慌区三个区域。成长的最佳方式是从舒适区走入延展区，扩展自己的能力范围。但是人们常犯的错误是一直希望待在舒适区，直到外力打破平衡，被迫一下子进入恐慌区。

无论我们怎么否认和回避，任何一个生命体都有生老病死。因为电影《星际穿越》而流行的诗句："不要温顺地走入那良夜"，是诗人狄兰·托马斯写给病重的老父亲的，也体现了人类对于终结的思考。

对于很多人而言，思考"良夜"看起来还太早，但是，如果我们不勇敢地跳出自己的舒适的盒子，就会在未来某天突然发现自己置身于一个恐慌的地带，从舒适区一下子跌落到恐慌区，这是最坏的结果。

我们要做的不是等到老年，不是等到外力临近的时候再去"咆哮""怒斥、怒斥光明的消逝"。

所以，请勇敢地跳出自己的小盒子，打破舒适区，尽早进入延展区。

在更高层次努力

每次和当下的工作拉开物理甚至时间的距离，都能给我很多启发，之前的硅谷行也不例外。

距离感保护了注意力资源

在硅谷出差期间，我的日程安排得非常紧凑，白天做硅谷的工作，晚上和国内的同学联系。一星期下来，发现自己居然没有刷微信朋友圈，不仅发得少，看得更少，等回到国内，飞机刚落地，大家又习惯性地开始刷朋友圈。硅谷与北京的时差为 15 个小时，这15 个小时正好拉开了时间距离。当我躺在床上看朋友圈的时候，北京是下午 3 点左右，正是大家工作的时间；当我早上起床的时候，正好是北京的半夜。

这 15 个小时的时差给我带来了两个变化。第一，我对于朋友圈的关注比以往少了 80%，减少了大段时间的浪费；第二，我获得了大段的自由时间。美国时间早上 8 点（北京时间晚上 11 点）到下午 6 点（北京时间早上 9 点）期间，我拥有大段的没有会议、没有电话的时间。考虑到要和美国当地同事进行工作讨论，我会把 9～12 点的时间留给自己。结果，在最忙碌的这一周，我居然把拖延了两周的规划任务完成了。这个任务需要大量的深度思考时间，这在国内的工作日和周末都难以获得。

《影响力》一书作者罗伯特·西奥迪尼（Robert Cialdini）的新著叫《先发影响力》。在第一本书里，他给读者提供的建议是抵制其他人的心智影响和操控；在新著中，他给读者的建议是充分运用各种方法去影响别人的决策。

这本书前 1/3 的核心词是注意力。上述美国之行也让我充分地体会到注意力是一种稀缺资源、获得这种资源的重要，以及失去这种资源的可怕。

在回到北京，当物理距离和时间距离归零之后，我该如何保护自己的注意力资源？我会从减少刷微信朋友圈和晚上早点下班做起。

自从搬到公司附近后，下午 6 点下班和晚上 10 点下班，花在路上的时长差距不会超过 15 分钟。与其这样，不如早点回家，在家中安静的环境下做深度思考和学习。这会比一天 14 个小时待在办公室更有效率。

努力提高层次，而不是在低层次努力

在硅谷工作的人几乎是全美国最努力的人，晚上 10 点从办公室走的时候，森尼韦尔市很多公司的办公室依然亮着灯。但是，整个硅谷地区的忙碌程度不如北京西二旗，这一点从公路上的车流密度可以对比出来。在北京晚上 10 点时，从西二旗软件园出来还会堵车，从北四环到北五环，车流密度依然很大；而硅谷的夜晚，路上的车子非常少。

但是，硅谷的科技成就引领着全球，无论从数量还是层次上。中国这几年有了明显的进步，但是在一些"元认知"和"根本突破"上，还在追寻着硅谷的步伐，为什么？

深层次原因我还无法穷尽，但是一个非常明显的特点是，硅谷的科技界在一个更高水平上运作和发展。科技领域的层次和地震强度的定义有相似之处。地震强度每增加一级，释放的能量增加约 32 倍。这并非一种线性关系，而是典型的指数关系。

同时，硅谷相比北京中关村、西二旗，少很多会议，也少了很多浮躁，大家的注意力资源被很好地保护起来。

高层次 + 高效率（极少干扰的深度思考）是我看到的硅谷科技界超过北京的两大因素。

我在工作和生活中经常会问一些"终极问题",即拉长到10年甚至30年,是什么因素导致赢,是什么因素导致输?如何更好地回答终极问题,面对终极挑战?除了提高层次,别无他法。前述硅谷之行给我的重要启发之一就是要不断努力提高层次,而不是在低层次上辛苦。天上一日,地上千年,说的就是这个差别。

关于低层次的努力和高层次的努力之间的差别,非常典型的例子出于建筑领域,同样是盖楼,大部分人在搬砖,少部分人在做预制件(半成品),极少的人在设计,万里挑一的天才在写设计模式。我们的工作也是这样,你以为自己做很高深的IT,但其实大部分人忙忙碌碌只是在做搬砖的活儿,被称为"IT民工"一点也不冤。

说到人工智能,你还在写代码,别人已经开始用数据训练了;你刚开始用数据训练,别人已经在想办法获得被大量标注的数据;

你刚开始收集标注数据，别人已经开始寻找自动标注的方法；你还在标注数据，别人已经发明无师自通的办法了（如 AlphaGo Zero）。这里面每一步都是层次的提高，在高层次里做一点点努力，远胜过你在低层次里辛苦一年。

什么时候你发现自己在搬砖？很简单，当你发现自己距离目标很远，而当下又步履蹒跚时。**真正的成功都是非线性增长，线性增长都是要被消灭的。**

要三思，不要纠结

VUCA 时代，如何才能不纠结？

VUCA 是什么？ VUCA 是 Volatility（易变性）、Uncertainty（不确定性）、Complexity（复杂性），Ambiguity（模糊性）四个单词的缩写。VUCA 这个术语源于军事用语。宝洁公司首席运营官罗伯特·麦克唐纳（Robert McDonald）借用一个军事术语来描述商业世界的新格局："这是一个 VUCA 的世界。"

纠结又是什么？纠结是犹豫不决，左顾右盼，并因此引发内心的焦虑。纠结的最直接结果是拖延症。

比如一个项目，老板的目标总是变化，各方收集来的需求也充满了不确定性，整个项目涉及过多的单位和组织，这些相关利益体之间的关系并不清晰。碰到这样的情形，可能持续很长一段时间都无法推进项目。

遇到这种情况，我们该如何是好？从自助和助人的角度，我做了以下思考，核心就是如何做事不纠结，可供参考。

先来讲讲纠结的原因，令人纠结的根本原因有两个。

（1）想顾全更多人的利益，所以会碰到左右为难的情况，在难以抉择的情况下，不自觉地就倾向于不决策，静观其变（其实是消极等待）。

（2）情况非常复杂，自己过往又缺少处理类似情形的经验，一时间不知如何是好。

而为何 VUCA 的情形出现的概率又这么高呢？其实很简单，我们总是在做一些开拓性的工作，同时又涉及多方的参与者，这些参与者面对这些工作也是新手。这种情形就是典型的 VUCA 的温床。

用抽象的语言来描述，即系统中有多个结点，每两个结点之间都有可能有关联，但关联本身不清晰，整个系统缺少统一的决策机制，如果结点之间彼此的沟通不畅，就没有人能看清全局。如果整个系统还处于高速的运转中，系统的外界环境也在不断地变化，这就是一个典型的 VUCA 系统。处于 VUCA 系统中的每个结点，都是纠结的发源地，有人会问：

我是谁？

我在哪里？

我要去哪里？

我该怎么去？

谁能帮我？

有了上述认知，如何破局？我的建议如下。

（1）**做自己**：即不要突破自己的个人水平的边界，把自己目前的理解清清楚楚表达好即可。这是第一步，也是必须勇敢走出的一步。

（2）**讲真话**：系统如果需要更加明晰，则每个结点都要尽可能提供更加清晰明了的信息。对于个人而言就是要讲真话，哪怕这个真话是坏消息。你看到了什么？你的感觉是什么？你有什么发现？你有什么建议？一定要勇敢地表达出来。

（3）**分而治之**：对于一个复杂系统，分而治之往往是有效的方法。如果你能拆分原来的大目标，比如将之拆成 3～5 个子目标，那么你就把问题往前推了一大步。如果你能把子目标进一步拆分，则又前进了一步。

（4）**向前一步**：有时在楼宇之间用手机地图步行导航时，会发现很难辨别初始的方向，必须往一个方向走 10 多米才知道正确的方向。**停在原地，会长时间无法做出正确的判断。**向前一步即试错，这种试错的成本很低，但是收益很大。如果面对一个宏大的项目，能针对其中的一点提出具体的建议，哪怕仅仅能解决 1/10、1/100 的问题，那么相比于原地踏步，也是巨大的进步。

（5）**快速迭代**：试错的目的不是犯错，而是发现哪些路不通，进而寻找可能正确的路径。任何系统的可能路径都是有限的，最傻的方法是用快速试错的方法去遍历各种可能路径，但这往往也是最有效的方法。当每一步试错的代价足够小、试错的节奏足够快的时候，便能非常快速地推进认知，接近正确的解决方案。当然，在经历一些试错之后总结出一些经验，能在后面的试错中更加快速、高效。

比如老板给你一个大项目，要做一个项目计划书，这个项目会持续至少5年，涉及四方利益。当没有达到很明确的状态时，纠结的人往往选择不动笔，等在那里。虽然他每天都在思考这个问题，但就是不愿意写出来，因为感觉时机不成熟。

这个时候如何破局？按照以上建议，则有如下步骤。

（1）**做自己**：把自己对于项目5年之后的理解写出来，不要担心对与错，不要担心别人说自己傻、水平不够。

（2）**讲真话**：不要考虑别人对这个项目的期望，只想自己对这个项目的期待，讲自己内心真正相信的东西。

（3）**分而治之**：想拆分，总有办法，可以按照Why、How、What的思路去拆逻辑，也可以按照等分原则去拆模块。只要往下拆一步，就是前进一步。

（4）**向前一步**：先放下最终的目标，想一个3个月的小目标，然后在"假设这个小目标已经完成"的基础上去思考下一步。移步换景，登高望远。

（5）**快速迭代**：如果无法一下子给出一个理想的结果，则可以每天迭代一版，每一版都拿给自己的"客户"，包括同事、老板、朋友去寻求反馈。只要能快速迭代，快速基于反馈修改，则周二的结果会好过周一，周五的结果会好过周二。

我们无法选择避免VUCA的环境，但是我们有更加聪明的方法去对待VUCA，那就是放弃理想主义和完美主义，用快速推陈出新的不完美，去不断获取更好的结果。

在VUCA的世界里，一眼看到底是不切实际的幻想，放弃这种幻想，拿起笔来，在纸上画一画，找"客户"聊一下，你会轻松很多。

复盘机制：如何把每一次意外和跌倒都当成机会

你可以把每个"痛苦"都当成成长的机会，这些痛苦驱动你对外探索，对内成长。当你把这种痛苦成长变成一种自动的机制时，你就在真正变得强大，你也会更加了解真实的自己。

复盘机制

"忘记"是把双刃剑。

忘记是一种自我修复的能力，能让我们忘记不愉快的事情，忘记痛苦的事情。忘记这种能力能让我们很轻松地从过去的种种错失和错误中很快地走出来，能让我们从悲痛、打击中恢复，让我们自得其乐。

但忘记也会有问题，我们会忘记自己一个月前"最后一支烟"

的誓言，忘记自己两周前"减肥 10 斤"的誓言，也会因为太轻易忘记而失去学习的机会，因而在未来会经历更多类似的错失和错误，而我们本来有机会从一些错失和错误中学习，积累经验，避免类似问题的发生。

所以，我们要"明智地忘记"，忘记那些应该忘记的东西，但是从过去的重要错失和错误中能学到新的认知，从而避免在未来遭遇类似的错失，这种明智的忘记，就是复盘。虽然忘记不可避免，但是复盘能确保我们从这种忘记中抢救出一些珍贵的碎片，帮助我们赢得更好的未来。

复盘，本是围棋术语，指棋手对局完毕后，回顾该盘棋的记录，以检查对局中的经验教训，总结得失，学习对弈的方法。高水平棋手在训练的时候并不总是和别人搏杀，而是把大量的时间花在复盘上。通过复盘，当类似局面出现时，能立刻知道该如何应对，这对下棋水平的提高很有好处。

这种经验后来被借鉴到企业的经营和运营中，成熟的大企业一般都会在项目结束后，召集所有参与的人，一起回顾项目进行过程的关键细节，总结其中的经验得失，并把会议的讨论和结论以书面形式记录下来，用于以后的工作。

我曾经就职过的华为，把复盘机制用得淋漓尽致，不仅项目完成后总结，甚至重要的出差也要复盘。比如某地电信局的通信设备发生故障，华为的工程师前往排查之后，一定要写详细的出差报告，总结其中发现的问题，以避免类似问题的再次发生，并且要提出改进的意见或建议。写得好的报告会被打印出来，公开张贴，特别好的总结还会收到奖金激励。

好的复盘的过程一般需要遵循一定的流程和步骤，不是随意进行。有一个复盘的框架对于高效快速地复盘极有好处。复盘以学习经验为目的，不是简单的经验总结，之所以要复盘，不是为了邀功，而是为了把以后类似的项目做得更好。复盘一般需要组织所有参与者在一起讨论，虽然华为的出差总结是单人进行，但是其结果依然会张贴出来，供大家讨论分析，从中学习。这样做一方面是为了对结论达成共识，另一方面是为了促进团队明确复盘的意义，掌握复盘的技巧。

虽然复盘强调集体讨论，但这并不妨碍我们在个人成长的过程中借鉴和使用这种方法。

微软新任 CEO 萨提亚上任之后，给全体员工推荐了一本书 *Mindest*（《终身成长》），书中强调成长心态。成长心态需要你把关注点从到底做错了什么，转变到我们从中学到了什么 —— 这就是复盘方法论的精神实质。

那么，什么是明智地忘记，什么是好的复盘？

第一，不要轻易忘记关键的错误。

第二，不要纠结于对与错，而是要把重点放在"我能从这种错误中学到什么"，最好深刻到刷新认知。

第三，克服锚定心理，这只是人类天性中容易犯的诸多错误之一，在《思考，快与慢》一书中有更多类型的心理误区。只要能克服某种典型的心理和思维误区，就能有长足的进步。

现代人有两个切肤之痛，第一是在无关小事上分散太多注意力；第二是在关键大事上缺乏行动力，投入资源也不够。悲剧的是，这两件事情经常同时出现在一个人身上。而学会复盘，学会明智地忘记，会帮你克服这两个切肤之痛。

作为现代人，只要从忙碌中抽出来一点时间来认真思考一下财务问题、健康问题、职业发展问题，认真复盘与这些重要领域相关的发生在个人身上的事件，就会在未来几年大大改善自己的财务状况、健康状况和职业发展。

请切实地在意自己，毕竟我们每个人都只有这一生。复盘不会避免所有遗憾，但是会大大减少你犯同样错误的概率。

意外的意义

生活中每天都在发生微小的变化。你若留意，就会发现虽然很多变化会带来生活的不方便，但是同时也孕育着新的可能。

比如 2018 年初夏，我所居住的小区的地库开始重新刷漆，工人每天早晨 7 点开始工作，一直到下午 6 点。这意味着如果我晚上停车到地库，第二天早晨 7 点以前要把车挪出去。对于一个当时一直保持早晨 7 点第一遍闹铃响才起的人来说，这在理论上行不通。

但是我答应了小区的保安，说一定会在 7 点以前挪走车，不影响工人施工。说到就要做到，否则以后没有人相信你。于是前一天晚上我把头道闹钟提前到早晨 6：30，第二道闹钟提前到 6：40。

第二天早晨爬起来，没有洗漱，我就下楼去挪车。一下楼，突然感觉到非常凉爽，这是平日 8：30 出门的我感受不到的，于是我边挪车边想：何不在户外运动？我以前习惯在家里的跑步机上运动或者跟着 Keep 锻炼。

挪好车之后回家取小布（Brompton）折叠车，这台车我买于几周前，上班骑过一次之后感觉天气太热，于是闲置了下来。但是这一天因为感受到了 7 点以前的凉爽，我决定重新激活这台折叠车。戴好头盔，我开始骑着车四处转，风在耳边，路在脚下，好不爽快！本想简单骑一下，结果一下子就骑了 10 千米。第三天早上去地库挪车之后我继续骑行，逐渐把骑车当成了每天早晨的锻炼。

周五的时候我想，何不在周末骑车去胡同？周六早晨我兴冲冲地起床，推车出门，下楼一看下雨了。于是败兴而归。看了看周日的天气，晴朗且凉爽。明天再骑！我心里想。

周日得偿所愿，我把车折叠好，放在汽车后备箱，开车到南锣鼓巷附近的一个酒店停车场，停好车，取出折叠车，打开，骑！这天早晨，我的"轮迹"遍布南锣鼓巷和后海附近的胡同，一个多小时时间，骑骑停停，骑车的时候看景，停下来的时候拍照，骑了 10

多千米，比起平日的步行，要爽快很多。小布单车的发明者说，他们的初心是让人们更多地使用这台车，改变自己探索这个城市的方式。我在胡同骑行的时候，深深地感受到了这一点。

周末回小区的时候，小区保安说，下周地库 24 小时封闭，过夜也不行。于是我在地面的犄角旮旯找了一个地方，把车停好。你是否发现一个现象：当停车位不是固定停车位，且车位资源极其有限时，大家一旦找到停车位就不再愿意动车。有限的停车位资源大大降低了机动车的使用率，这是胡同里很多车常年不动、罩着车衣吃灰的原因。

好不容易在地面停好车之后，我在周一就不想开车了。怎么办？骑车吧。上班的地方距离家也就三四公里，骑车刚好。以前担心写字楼的保安不让进，这下硬着头皮骑车。到了公司之后，发现只要把车折叠起来，就没有人拦。原有的担心也不复存在。

那天，我下班骑车到家之后，发现 Apple Watch 上的健身记录三环将近闭合，说明我这一天的运动量达标，这是近来少有的。第二天，我决定继续骑车上班。

以上就是关于我上班通勤方式的小小变化，这些变化开始都来自我们认为的意想不到的变化，比如地库刷漆，禁止停车。我在适应变化的过程中，逐渐把起床时间往前提，相应地，上床睡觉的时间也往前提；把单车变成了一种兼具通勤和运动的工具；把周末骑单车逛胡同变成了一种新的放松方式；并且也开启了我今后旅行和出差的新方式。

类似的意外还有很多，比如最近的早起习惯起源于一次早睡之后，第二天早晨 5 点半自然醒来。这对于习惯在早晨 7 点醒来的我无疑是一种意外，是计划外的事情。如果不是因为前一天困得早，上床休息得早，我根本没有机会体会早晨 5 点半起床是怎样的感觉。

5 点半起来之后无所事事，但我又怎能放弃这宝贵的自由时间？于是我开始伏案写作。发现早起的时光成了宝贵的自由时间之后，我每天晚上坚持在 11 点前上床睡觉，每天 6 点以前起床。从那天开始，我每天都有了至少两个小时的自由时间，这是我此后写作和工作效率大增的根本原因。

工作日早起之后，周末也会自觉早起。在第一个早起的周六，我起床后连续写了三篇文章，完成了周六、周日和周一连续三天的文章任务。而你所看到的这本书，就是我在发现早起能拥有的自由时间之后才真正开始动笔整理的。

我们周边的生活环境每天都有意想不到的变化，这些变化会打乱你习惯的生活节奏和方式。与其抱怨、抗拒，不如"顺势而生"。我在中学时曾看到一篇文章中这么写道："上帝关上一扇门的时候，同时会打开一扇窗。"但我认为：门和窗其实一直都在，只是你习惯走门了，从来没有注意到窗户的存在和价值。而所谓的意外，只是给了你重新认识这扇窗户价值的机会，不要错过这种机会！

请感谢年轻时的坑

朋友辛勤工作了好几年，突然间一个人事调整打乱了他原有的职业规划，原本是预料之中的职业发展机会突然失去，他为此非常沮丧。

见状我劝他："这是好事，该来的迟早要来。与其晚来，不如早到。早一点到来，自己早一天知道惨淡的现实，是好事。"我继续解释说，"人之所以会感到痛苦，是因为自己内心所想和客观世界不符。是你错了还是这世界错了？当然是你错了。要接纳世界、接纳现实、接纳人性，而非对抗并陷入不可名状之困扰中。"

人和人最本质的差别就一项：心智模式（mindset）。《终身成长》一书的作者把心智模式分为成长型心智和固定型心智。如果你是成长型心智，那么眼下的痛苦境遇正好是考验你的时刻。

既然痛苦来源于自己的心智无法匹配客观世界，那么就趁机去反思和尝试改变心智。归根结底，我们痛苦的原因是我们的心智没有匹配真实的世界，而不是正好反过来。此时越痛苦，思考才可能越深刻。

我在2013～2014年整整一年的深度焦虑，给了我重新反思人生的机会。通过这一年的挣扎，我发现了更加丰富的人生，真正意识到了自己的独特优势。"改变自己"微信公众号正是始于那时，同时我也确立了"三个经济支柱"的理念，开始大规模地把闲钱用于投资。

从这个意义上讲，我非常感谢当年的焦虑。

有人会问，有没有平和的方式来完成这种蜕变？很遗憾，由于人固有的劣根性，想风平浪静地升级自己的心智模式基本上不可能。

人的劣根性在于：给点糖就会觉得生活很甜蜜，缺少足够的动力去面对人生是残酷的这一本质。虽然很多时候觉得有点不对，但是转念一想，感觉日子还可以凑合。结果在浑浑噩噩中过了很多年，等醒悟时已经不再年轻。

所以，最好在 27 ~ 35 岁遇到很大的坑。为什么最好是 27 ~ 35 岁这个阶段？本科毕业，到 27 岁正好工作 5 年，3 年后是 30 岁，正好处于第一阶段的世界观被挑战、需要重构的时候。35 岁也是一个坎，大部分人在此时上有老下有小，而抬头一看，40 岁这个节点也在不远处。所以，27 ~ 35 岁遇到坑，遭遇焦虑，感受痛苦，是一个好时机，因为你还足够年轻。

而自己从这个坑里爬出来的过程就是心智成熟、自我觉醒的时机，这个坑越深、你爬得越艰难，对你以后的发展越有利。特别简单的小坎坷没有用，你会麻痹自己，而麻痹自己就是放弃成长的机会。只有那种让你产生了恐慌、产生了沉重焦虑的坑才有真正的促进作用。

车和家的创始人李想说过："对外关注探索，就不那么烦躁；对内关注成长，就不那么焦虑。但是，烦躁和焦虑都是永远发生的，我们要做的是减少时间周期。"

你可以把每个痛苦都当成成长的机会，这些痛苦会驱动你对外探索，对内成长。当你把这种痛苦成长变成一种自动的机制，你就开始真正变得强大，你也会更加了解真实的自己。

通过痛苦来成长，这是通往自由的唯一途径。

在错误与意外中成长

我们怎样从生命中的错误与意外中吸取能量？怎样越挫越勇？怎样才能变得更强？

我们常用的祝福语是一帆风顺，但生活充满了各种波折，以至于古人认为"人生不如意之事，十之八九"。这话有点夸张，对大多数人而言，人生中不如意的事情，比如意的事情要多一些，起码感觉上是多一些。因为从心理学的角度来说，普通人对于痛苦的感受比快乐要深、要持久。

不如意主要来自哪些方面呢？来自自己偶尔犯下的错误，来自不期而遇的意外，这两个因素是不如意的主要因素。

每个人都会经历一些错误与意外，如何面对人生这些不如意？更进一步，我们如何以这些错误与意外为契机，让自己变得越来越强？这并非一句鼓励的话，其中有内在逻辑。

为什么要换一种角度来看错误与意外

错误与意外是人生中谁都不想碰到的东西，我们都希望自己的人生一帆风顺。但没办法，我们总会犯错误，总会碰到意外。**意外是不期而遇的事情，错误是你主观因素导致的问题。**为什么我们要换一种角度来看错误与意外？其实，错误与意外是生命给你的信号。

举一个例子，某人感冒发烧，他去医院看病，医生说要挂点滴、打抗生素。打完抗生素之后你的身体开始好转，两三天之后就恢复了。过了一个月，你又感冒了，然后又去医院。一而再再而三，一生病就去医院打点滴。看似解决了问题，但是你忽视了什么事情？你忽视了生病其实是身体给你的重要信号。

这个信号在给你传达这样的信息：你的抵抗力在下降，你的免疫力在下降。可能的原因是你休息不足、饮食不当或锻炼不够。

开发软件的时候最重要的事情就是找问题。当一个软件是黑盒子的时候，我们很难找出问题，所以就会特意写很多打印函数（print），把其中的一些错误信息、意外信息显示出来。

我们所谓的错误与意外，其实就是生命这个黑盒子给你的信号，你应该通过这个信号去获取更深层次的东西，再拿这些东西去挖掘更深层的原因，去解决问题，之后你会变得更强。

前文提起过我在2013年焦虑的经历。我以这次严重的焦虑为契机，深入思考了自己的职业发展、财务自由和个人成长方面的道路。现在，我非常感谢那次焦虑。没有那次焦虑，我很难有现在的淡定从容。

几年前我遇到过一件棘手的事情：信用卡逾期。我一直自以为是优质的信用卡用户，但是在种种偶然因素的叠加下，忘记了信用卡还款。不要小看这件事情，这个逾期在之后两年的征信记录中会有体现，是一个挺大的麻烦。

我深刻反思问题并总结自己所犯的那些错误后，列举了所有能想到的措施，以防止以后再次发生这种错误。

为什么会发生错误

根本原因就一句话：主客观不一致，实际发生的事情跟预想的不一样。举几个例子。

（1）我们无法掌控生命。我们的基因、一些意外，都是我们不可掌控的。

（2）我们不了解自己。对身体、心理、智力方面的各种规律我们都知之甚少。很多时候我们都在滥用身体、透支身体。意外爆发只是问题堆积到一定程度后的自然结果。

（3）我们不如自己预想的那么好。国外做过一个调查，让受访者评价自己的车技水平，结果90%的受访者认为自己的车技高于平均水平。90%的人认为自己的水平高于平均水平，那么难道是10%的人把所有人拉到了那个平均水平吗？其实不是，因为我们有一个毛病，叫自视甚高。

（4）世界变化太快，而我们还停留在原地。2007年的时候，谁能想到智能手机有这么快的发展？我们喜欢停留在原地，在安逸中失去警惕，进而变得脆弱，变得不堪一击。

怎样从错误与意外中吸收能量

在心理方面，有三个要素。

（1）坚信如果错误与意外不能打败自己，只能让自己更强，就像我们自身免疫力的形成过程。

（2）接受现实，而非掩盖。比如当信用卡逾期发生的时候，不要想着通过不正当手段来抹去不良信用记录，而是彻底反思问题，提出措施。

（3）要分析内在原因，分析心理原因，分析潜意识的原因。比如信用卡发生逾期，内在原因是缺乏内在安全感，以及内心倾向于免费的服务而非付费的服务。

怎样通过实践来吸收能量

首先，一定要把错误与意外之事写下来。写下来是让你不要忘记这件事情，让你接受这件事情，让你知道这件事情已经发生，不要否认它。

其次，一定要说出来。说出来，是一个自我对话的过程，如果有人愿意倾听，对你来说是非常好的过程；如果没有人愿意倾听，你对着你家的宠物去讲，也是一个自我面对的过程；或者用录音笔、手机录下来，也是一种非常好的实践。

最后，一定要分析内在的原因，包括心理和深层次的原因，然后通过行动去解决深层次的问题。

分享一件很有意思的事情，叫"面对错误的三部曲"。这对我的帮助非常大。

20 年前微软出版了一系列书，讨论软件工程方法论。我曾从中看到一个原则，这个原则我称之为"面对 bug 的三部曲"。软件中的缺陷，我们称之为 bug。"面对 bug 的三部曲"不仅能解决这些软件 bug，也可以帮我们解决生活问题。

"面对 bug 的三部曲"是：

（1）如何防止同样的问题再次发生？

（2）如何用自动的机制防止这个问题再次发生？

（3）如何避免他人犯同样的错误？

这是一个简单却有效的机制，这个机制启发了我十几年，我相信它对我今后的人生道路依然会有启发，因为这种机制确保我能从错误中学习。

如果能坚持这样做，当你遇到错误的时候，不仅不会被打倒，而且会因为对错误的举一反三的分析而变得更强大。

如何面对压力

我们在工作中经常会遭遇巨大的压力，这些压力往往来自老板预期和现状之间的差距，也来自个人能力和工作难度之间的错位，还有很多时候来自没有搞清楚"客户"的真实需求。不管出于哪种原因，在重压之下工作，并非理想的工作状态。然而，现代社会的压力是每个人都必须面对的，单纯地逃避，并非灵丹妙药。下面是关于如何看待压力、面对压力和管理压力的几点建议。

坦诚 —— 对"客户"。

说心里话是一件容易的事，也是一件难事。但是当压力越来越大时，及时敞开心扉，说明问题现状，做直观的分析，给出自己的建议，对大家都好。这个阶段，越是客观地说出问题所在，越能得到理解，也能得到尊重。

在客户看来，坦诚的人，即使说"No"，也是很值得信赖的人。并且，在艰难的时刻，和客户交心，也是一种获得信任的好方法。

注意：这里的客户是泛指的客户，包括真正的客户，也包括公司内的兄弟团队、老板。不管是谁，只要是需求的主要提出者，那他就是这件事情中的客户。

示弱 —— 对老板。

我曾听说过一个女强人的故事：她是一家公司的创始人，身边的副总各个如狼似虎，强势异常。她硬是凭着自己的技巧，把这一群虎狼之人紧紧地抓住。而她的技巧竟然是示弱和求助。是不是很出人意料？

记得在《欲望都市》里曾经有一个桥段，某女士在一瞬间喜欢上一位男士，不是在这位男士意气风发之时，而是在这位男士一次不经意间的示弱时。

老板不是机器，总会受到各种偶然因素的影响。若你在承受巨大压力之时，能向主要的施压者示弱，则会受到一定的怜悯。

但这个方法只可以偶然为之，要解决的问题还是要解决，示弱只是缓兵之计。

开诚布公 —— 对同事。

我在 2013 年陷入焦虑时，在公司第一时间向团队所有成员坦诚自己的压力与焦虑。我告诉大家：如果最近希望诉苦，我并非最好的人选。同事们当时也很照顾我，很少来打扰我。通过这一偶然事件，我发现只要你挑明了，大家还是很有同理心的。

碰到项目推进的困难，一定要及时和同伴说出来，哪怕是在微信群里发一个消息。向一起工作的同事、下属坦诚自己的压力并非丢人的事情，与我们想象的相反，大家还是非常愿意帮助弱者的。

平静 —— 对自己。

如果有什么是最大的法宝，我想就是平静二字。平静能让人保持清醒的头脑，让人保持清晰的判断，让人永远有方位感（在哪里，要去哪里）。无论是会谈还是交谈，越是碰到不冷静的局面，你就越要提醒自己要平静。当然，每个人达到平静的方法不同，有人靠倾诉，有人靠冥想。无论事情有多难，局面有多复杂，永远要告诉自己：平静会给你力量。

冷静 —— 对待复杂局面。

平静是一种态度，冷静则是一种方法论。平静让你获得一种力量，一种气质。内心很容易保持平静的人，总是给人一种淡定感和可靠感。冷静则是一种方法论，能让你面对复杂的局面，让你可以忽略各种噪声，做出正确的选择。

如果说平静能给你力量，冷静则会给你阳光，带给你具体的希望。

你可以仔细观察身边冷静的年轻人，他们往往是成长速度最快的那一批新人，因为他们能很清楚地知道自己要什么，能通过什么方式获得。

说"No" —— 对无关紧要的需求。

当需求太多，接不过来的时候，最好的方法就是说"No"。对于 Yes Man（唯唯诺诺的人）而言，说"No"是一个非常大的心理关。但是，如果在需求方面无法准确把控，则到最后每个人都会对进展不满。勉强的 Yes，真的不如简短的 No。

为什么产品的负责人一定要有勇气说"No"，而且要经常说"No"，原因很简单，如果对每一条意见都说"Yes"，那这个产品做出来得有多平庸！

认怂 —— 对待错误。

认怂就是认错的意思，其实越牛的人越不怕认怂，会就是会，不会就是不会，这个没什么好掩饰的。你做不好的事情，非得硬着头皮做，受伤的是你和公司两方。

很多时候我们为何压力大？就是贪多，因此造成了消化不良。如果在后续执行过程中，能及时地发现问题，并且经过评估后发现无法达到预期，则果断认怂是最好的态度。

认怂也会让你的聚焦更加落到实处。

真正要解决压力问题，以下两方面的事情最重要。

第一，解铃还须系铃人：明确谁是真正的客户，和这个客户直接沟通，了解其需求后形成方案，千万不要再等二手消息。

第二，皮之不存，毛将焉附：压力是结果，引发压力的原因到底是什么？是否能快速解决这个问题？上面提到的种种方法，其实都是为了给真正解决问题提供良好的环境氛围。但压力之战的终局，还是把真正的问题搞定。

作为现代人，不要幻想没有压力的环境，你需要做的事情是直面压力，在压力中变得越来越强。

如何面对全新的挑战

假设你在加入新公司两周后，就接受了全新的挑战：接手一件从来没有做过，也很少有其他人会做的事情。面对这种情况，如何在迷雾中寻找希望，不断推进工作呢？

首先要确保大方向正确，你需要与最关心这件事情的人沟通，了解他的期望，由此确定整件事情的大方向。方向感是在迷雾中最重要的筹码，有了方向感，即使暂时看不清眼前的路，依然会非常有信心、有动力去做。

在大方向清楚的前提下，如何确定脚下的路呢？因为是全新的事情，所以没有什么经验可以借鉴，内心更多的是疑问，不知道该如何开始第一步。此时最好的突破方法是去尝试，比如可以去做两类事情：一是参加各个团队的会议，了解大家在做什么，了解大家在目前的工作中碰到了哪些困难，有什么是需要你去负责解决的；二是约关键的人聊天，把你对大方向的理解和对具体细节的困惑与这些同事沟通。如果很多人碰巧也在思考同样的问题，这时候问题就变得简单了：对于同一种问题的思考变成了你们之间最好的沟通桥梁。

就如一句歌词所言：

There is a crack in everything

That's how the light gets in

这是多才多艺的莱昂纳德·科恩的歌曲《Anthem》中的歌词，中文翻译为：万物皆有裂痕，那是光照进来的地方。

当你面对全新挑战时，该如何寻找突破点？其实很简单，找到你要打破的那个蛋，在上面寻找裂缝，在裂缝处用力，逐渐扩大裂缝，直到打破整个蛋。

从过往经验来看，与各个团队开会以及找关键人物沟通被证明是有效的。这就是寻找裂缝的方法。**那些需要解决的问题就是裂缝，而那些同样在寻找答案的人就是光。**只要持续用这种方法，一定会越来越清楚关键问题、关键人物和关键解法。

筛选一遍后，就能更加清楚地知道哪个裂缝是最重要的，哪束光线是最关键的。把自己的时间、精力用在这里，就会事半功倍，能快速打破僵局。这也是"力出一孔"的妙处。

当然，这时还处于逐步了解情况、逐步寻找关键的阶段，需要的是耐心和持续积累。以我为例，我会每天把自己的经历和心得都记在公司的 wiki 上，子目录名为"日拱一卒"。"日拱一卒，功不唐捐"的含义是每天像个卒子一样前进一点点、进步一点点，终会有所成就，任何功夫也不会浪费。

此外，在面对全新挑战时，勇敢迈出第一步很重要。我曾看过查理·芒格的一篇访谈，其中有一个问题："您觉得一个人怎样生活才更有意义？"

芒格说："其实挺简单的，过好每一天就行了。如果要做个好人，就坚持每天都做个好人，一天只能过一次，坚持到足够的天数就变成好人了，也就会有好的生活。如果想戒酒，就坚持每天不喝酒，坚持到足够多的天数就戒酒了。如果想要过一个有意义的人生，就把每天过得有意义，坚持足够的天数，人生就会变得有意义。"

关于成长秘诀，其实最重要的是要抓住一闪而过的念头或者机会，开始宝贵的第一步。比如偶然的早睡带来早起，早起之后迅速进入写作状态并完成了三篇文章的写作，让我开启了一种新的习惯，一种每日可以坚持的好习惯——早起写作，帮我赢得了宝贵的每日写作的自由时间。

如果你从来没有尝试过长时间每日重复一件事情，你对查理·芒格这段话的理解可能会落到"坚持"二字上。**但是通过多次实践你会发现，所谓的坚持最重要的其实是开始第一步。而且这第一步必须在今日踏出，而非明日或"回头"，更不是"等条件成熟时"。**

所以我现在最喜欢说的一句口头禅是"要么现在，要么今天"。我不仅对他人说这句话，也不断地对自己说这句话。这句话对我影响至深，甚至帮我改掉了拖延症的毛病。

我们身边有太多的人习惯等待，等待条件成熟时，等待水落石出时，等待风平浪静时，等待所有的风险都看尽时。这不是等待，这是拖延，是逃避。因为这种躲避能让自己体会到安全感，殊不知，这样追求极致安全的同时，你也丧失了巨大的机会。

但是如果放下这些借口，先走一步，你就有机会发现一个全新的世界。每次碰到站在原地等待好机会来临的人时，我总是告诉他们一个规律：就像车载导航，我们在原地往往不知道车头的正确方向，但是如果我们朝任意方向开几十米，马上就会知道正确的方向在哪里。站在原地思考、等待、辩论，你将一无所获。

所以，想真正地理解查理·芒格的这句话，最好的办法就是现在行动，最晚今天内行动，开始做一件你一直想做却一直没有做的事情，去尝试直面一个你必须面对但以前一直在逃避的巨大挑战。放下一切不做的借口，向前一步，去看新世界。

为什么向前一步最重要？因为所有坚持的秘诀都来自正向反馈，而反馈的获得必须通过实践，有了亲身体验才会有反馈，可能是正向反馈，也可能是负向反馈。对于正向反馈的事情，你自然愿意第二天继续做。如果是负向反馈，你可能需要调整。但是，如果你站在原地一动不动，只是在脑海里，计算利弊得失，你不会得到任何反馈，也没有任何坚持的理由。

为什么向前一步最重要？因为没有向前一步，任何好习惯都不会开始，不能开始更多的好习惯，你就无法让自己的人生变得更有意义。如果没有向前一步，那么你无法突破任何全新的挑战。

总结一下，面对全新挑战的方法无非综合使用以下几条：

（1）向前一步；

（2）寻找裂缝；

（3）力出一孔；

（4）日拱一卒。

与焦虑共处

大约在 2012 年下半年，因为工作繁忙等各种原因，我发现自己很容易心率过快，严重的时候甚至会影响开车。2013 年春季去美国出差的时候这个问题到了严重的地步。在飞机上，我听着飞机轰轰的噪声无法入睡，心跳也非常快。

下午到达美国那边的会议室后，我觉得自己快崩溃了，会上讲什么我都忘掉了。我找了一个机会从会议室出来，在花园踱步，阳光和空气很好，但是我的内心几近崩溃，我甚至想过叫救护车，但一起出差的是两位老板，我怎么好意思去拖累他们的行程？我在花园徘徊了一个多小时，才重新走进会议室。总之，那个下午真的是类似于地狱，所幸我总算熬过去了。第二天的日程也算过去了。在硅谷睡了两个晚上，然后又匆匆赶了回来。

再后来，这种焦虑无法再坚持工作，我决定去医院看看。

我去了专科医院，做了心理测试、光电刺激、心电检查等。在做心理测试的办公室里，总共有 6 台电脑，给我留下印象的不是哪一道测试题，而是和我一起同处一屋做测试的其他几个人。其中一个小伙子由父亲陪伴，他的第一个问题就让医生很崩溃。他拿着鼠标问：“这是什么？我不会用。”原来他从来没见过电脑，根本不会用鼠标。一会儿有一个年轻女孩匆匆地推门进来，非常暴躁，和医生话没说两句就争执起来，她突然打了医生一拳，然后就跑走了。我安慰了医生几句，医生却说："没事，这种人经常见。"

还有一个40多岁的女士，很瘦，她在做题的时候问道："有些问题我能不能不回答？"医生说："每个问题都得回答，不回答怎么才能测准？"原来在这些测试题中，有一些和亲密关系相关，她说："我从来没有恋爱过。"听到这话，我完全懵了。

那一刻我觉得自己相比他们非常正常，也很幸福。整个检查的综合结果符合我的预期，就是有焦虑倾向，不过没有发展到焦虑症，但是，必须做主动干预。

其实2013年，差不多刚过新年的时候，我已经找过很多办法，比如运动、深呼吸，也看了一些书，去了解相关知识。但是当时因为并没有确定这是焦虑带来的各种身心问题，所以没有完全地对症下药。

经过这次的检查我反倒是安心了。第一，目前问题不太严重，还没有严重到必须依靠药物去治疗的阶段；第二，我知道自己必须全身心重视起来，而不能像以前一样得过且过，能扛就扛；第三，我必须正视焦虑，聚焦在问题上。知道问题在哪就可以对症下药。

那年确诊有焦虑倾向之后，我是怎样缓解这些问题的？我采取了这几个办法。

（1）冥想。

冥想就是什么都不想。其实想做到什么都不想是很难的，怎么办？把自己的注意力关注在呼吸上。推荐你看哈佛大学教授的"幸福课"，其中有一堂课，他带领全班学生一起冥想。我在看那个视频的时候，也跟着他一起冥想，感觉非常好。所以有一段时间，我每天晚上先冥想再入睡。具体做法就是独自待在卧室，盘坐在地上，听一些冥想的音乐，关注自己的呼吸，呼 — 吸 — 呼 — 吸，大概持续 15 分钟。你会发现，当你真的实践冥想的时候，经常会遇到如下状况：要么思绪万千，有各种杂念不断涌入脑海；要么刚冥想一会儿就昏昏欲睡。这都很正常，把注意力拉回到呼吸上即可。

（2）充足的睡眠。

关于睡眠，大家都觉得再自然不过。但我想说的是，我们现在的睡眠都是不够多，我们应该尽可能每天保证 8 小时的睡眠。

（3）运动。

定期规律的运动，能让你对自己的身心产生一种控制感。当你在运动的时候，你可能会比较聚焦于身体的感觉，脑子里没有那么多杂念，这种感觉很不错。

对于缓解焦虑，以上三个措施比较有效。但这些都是辅助措施，除病，必须除根。焦虑这个病的根源在心，怎么办？我在此提出几个建议。

（1）要向亲人敞开心扉。

这里的亲人是指你身边最亲近的人，比如爱人、父母。以我为例，首先我会和妻子沟通，过去我在家里只报喜，不报忧，现在我会把我担心的事情，无论是生活还是职业，抑或个人发展方面的问题，如实和她沟通。她也会帮我思考这些问题，同时帮助我分担家庭和生活中的一些压力。

其次，和父母打电话坦诚自己最近处于焦虑状态，但是告诉他们不用太担心，告诉他们我焦虑是因为什么。以前我会把所有事情都压在心底。但是现在我敞开心扉去和他们谈，他们也逐渐能培养自己的承受能力，并从他们的角度不给我施加太多压力。

想根除这个问题，第一步一定要先把自己的问题、担心和困惑向你身边最亲的人坦诚。

（2）和同事朋友沟通。

如果你在工作，那么应该向同事坦诚自己的焦虑；如果你在上学，那么应该和同学聊一聊。有一天我在开例会时，对部门的下属说："近期我内心处于比较脆弱的阶段，请大家理解。最近尽可能先别找我吐槽，因为在这个阶段，我需要先把自己照顾好。"这是对下属。对于关系好的同事，我会在吃饭的时候随口跟他们说出我的问题，比如说现在自己很焦虑，有些什么问题。其实这不是求助，就是寻找一个心平气和地对待这个问题的环境。也就是说，当身边的人知道你现在的焦虑状态，他们可能会比较和善地对待你。

而且很多人也有同样的问题，他们也会说出自己的焦虑，以及自己解决问题的方法。这样一来二去大家会发现每个人都差不多，这时感觉就会好很多。这不是阿 Q 精神，这叫互助。这个互助心理活动是一种很好的恢复实践。一帮人说出共同的问题、共同的故事以及各自的解决方法，非常有利于解决问题。

（3）和老板沟通。

你要向自己的老板坦承自己的问题。因为很多压力来自工作。这个时候，你顶着压力不说，尤其不向老板说，老板会觉得你现在的工作效率很低。其实最好的方式就是向老板承认最近的确是有一些问题，希望老板能理解。自己经过一段时间的恢复，会找回状态。

基本上所有的老板都会理解这种状况。

所以，通过向亲人敞开心扉，向同事、同学、朋友坦诚自己的焦虑，和老板沟通，让自己客观上减少压力，能给自己营造一个非常好的周边环境。

焦虑给我的启发

在对抗焦虑的一年左右时间里，我看了很多书和视频，同时做了一些小事，比如和家人坦承我碰到的所有问题和困难。以前我都是放在自己肩头，从不与他们交流困难，总是报喜不报忧；也开始慢跑、冥想。后面身心健康基本都恢复了。

其实恢复的标志不是我一下子完全好了，而是一旦碰到焦虑，我能很明显地感知，并且能让自己接纳这种焦虑，接纳这种不适，不去过分在意。**焦虑就像一种幽灵，它发挥作用的机制就是惊扰你的内心，让你更加担忧，从而加重症状**。但是一旦你可以跳出自己的躯壳，漂浮在空中，看着有一些焦虑的自己，反倒没有那么可怕了。慢慢地，你就适应了。你不是战胜了焦虑，而是可以和它和平共处。

到现在，我很少碰到焦虑的状态，但是也会突然遇到一些意外之事，让我进入焦虑状态，不过我已经不再害怕。关于焦虑，我不会用"战胜"这个词，因为我知道，它就在那里。在与焦虑共处的这几年里，我有如下三个启发。

第一个启发：内心平衡需要从自身找答案。

在互联网大潮下，很多人都会在某些时候有内心失衡的情况。这种失衡的根本原因一是欲望，二是压力，其实本质上还是欲望。这个欲望是什么呢？说出来你也别笑，就是买套房，养个娃。现在这基本上是全球最贵的两个梦想，尤其在中国的一线城市。

最近几年我身边跳槽的同事很多，记得 2014 年有一个产品经理要跳槽去小米，我问他："为啥过去呀？"他说："Offer 不错，薪资水平高。"

类似这样的例子还有很多，有很多人跳槽时说得意气风发，但是仔细去追问，其中 90% 以上都是因为经济因素。动力和压力都是来自房子和孩子。

公司尤其是大公司内部的竞争非常激烈，回想一下，你平时有多少力气花在了内部竞争上，比如竞争资源、竞争项目、竞争岗位、竞争晋升机会？这都是导致你心态失衡的原因。

当然，如果你发现这一切都来源于自己过多的无处安放的欲望，那么内心平静之道就在于自身。

我在与焦虑相处的这几年，工作表现依然出色，并且找到了自己的独特价值，按照《从 0 到 1》这本书的理念，就是找到了自己的"护城河"，并且能不断拓宽这条护城河。

在我焦虑最严重的那段时间，我和朋友一起开始了微信公众号"改变自己"的运营。这个公众号在 5 年时间发展到近 70 万粉丝，从来没有买粉，全部都是自然增长。

这件事情我们为什么能坚持这么久呢？一方面是我们都喜欢分享；另一方面是我们找到了一种商业模式，能让这件事情产生收入。

当时不如现在这么大张旗鼓地提倡付费，我们在 2013 年 9 月第一次发付费邀约时，饱受批评。那是我印象中第一次也是唯一一次公众号当天粉丝人数出现负增长。而且不是只挨批一天，有一个粉丝特别执着，不断地给我们留言，劝我们放弃收费，持续了快一年。还好，他没有坚持下来，而我们坚持了下来。

这件事情对我有什么意义？意义不仅在于多了一份收入，还让我找到了自己多元的价值，即我们的人生是多样的，并非只有在工作中才能体现自己的价值。我们所困惑的事情，也是很多人都困惑的事情。当我们愿意把自己的困惑和其他人分享时，我们双方都得到了满足。这是在职业竞争之外的事情。这让我意识到，除了竞争，还有一种方式，就是反观自己的内心，正视自己的困惑，与其他人分享自己的感悟，从而发现另外一个自己。

第二个启发：每天都可以坚持做一些小事。

我经常做一些小事，比如快走、冥想，这些事情都让我受益匪浅。

从 2016 年 8 月开始，我坚持每天健身，之前还会受到室外空气的影响，但是 2018 年 8 月起，我就在自己家里的客厅健身。方法很简单，就是使用哑铃、健腹轮等做力量训练，也练习徒手的俯卧撑、Plank（平板支撑）。时间充裕的早晨我还在跑步机上快走。

这些器材包括跑步机曾经在我家落灰已久，属于我多次想送而没有成功送出去的东西，如今它们已经变成了我很难离开的东西，甚至有些轻便的器材，我在旅行和出差的时候也带着。

虽然我有时候只练习 10 分钟，但就是这不起眼的小坚持，让我的身体发生了明显的变化：肌肉增加，身材紧实。

我在 2016 年 9 月左右，又对写作产生了兴趣，之前我的公众号"改变自己"以转载和翻译内容居多，后来我想，为什么不记录一下自己的每日生活，所见所感呢？于是我每天早晨在运动后，写 20 ~ 30 分钟。期间也会有因为赶周一晨会而无法坚持的时候，但是一旦有可能，我便在去公司的地铁或者专车上用手机写。我把这些心得体会发在我自己的原创公众号"辉哥奇谭"上，也受到了粉丝们的喜爱。

有一天我在微信后台看到一个朋友留言，说："辉哥，你不知道自己有时候的一句简单的话，对别人有怎样的影响。"

原来她拿到了三个 offer，看到我在微信中特别推荐其中一个公司的产品，就毅然选了这个公司的 offer。

运动与写作，这是两件微不足道的小事，但就是在这两件小事上，我看到了人生的另外一种可能：当我们困惑、焦虑时，我们可以花一些时间与自己相处。每天只要不到 60 分钟的坚持（有时候甚至是 10 分钟的坚持），就能让自己变得更好。同时如果你能把这个过程记录下来、分享出来，也能让更多的人受益。

原来，让我们自己变得更好、心情更好、让更多人受益，不需要那么多条件，不需要 BP（商业计划书），也不需要 VC（风险投资），不要估值，需要的就是真正拿出一些时间，认真地与你自己——你所拥有的这个世界上最大的财富相处。

第三个启发：有关生命的意义。

尽管我们很努力、很认真地生活，依然不能阻止意外的发生。每当意外发生的时候，才是考验我们是否有能力与自己的不堪相处的时候。2016 年，和我们相伴 8 年多的小狗妞妞因为一次意外永远地离开了我们。尽管知道它已经老了，迟早有一天会离开我们，我在脑海中曾经预演过多种可能，但当意外发生时，我们依然悲痛万分。

任何生命，哪怕只是一只宠物小狗，突然离去时，亲人所受到的冲击都是难以想象的，我也不例外。

我知道，生命又一次给我提出了问题。我阅读了好几本有关死亡和生命意义的书，其中有三本令我印象深刻，它们分别是《最好的告别》《相约星期二》《活出生命的意义》。每一本都值得我们读很多遍，尤其是《活出生命的意义》，该书的作者是第二次世界大战奥斯维辛集中营的幸存者。他总共经历了四个集中营，最后以1/28 的概率活了下来。不要觉得 28 这个分母很轻松，这意味着每一个幸存者的背后，有 27 个人走入毒气室。作者通过他的经历去探讨生命的意义这一沉重而严肃的话题，他说自己不关心很多人为何而死去，他关心的是为什么有人能存活下来。通过这些探讨，他回答了一个问题，**即每个生命都自有其意义，我们的使命就是发现这种意义并且活出这个意义。发现意义的方式有三种：第一种是工作（做自己真正喜欢的事情）；第二种是爱（关爱他人）；第三种则是经历苦难。**

苦难并非必需，如果可以逃避自然应该避开。但是当苦难不可避免地到来时，我们应该选择直面。因为苦难意味着生命给我们提出了一个问题。认真回答这个问题有助于我们理解生命的意义。

现在，我基本上可以和焦虑和平共处了。对于焦虑的态度，我不谋求彻底消灭它，唯独希望它在合适的空间活动。

其实无论是心理还是生理上的那种难受，都是人体的自动保护机制。试想一下，如果一根针扎你，你感觉不疼，那才可怕。很多人治疗牙疼的办法，就是把牙上的神经直接烧断，这样就感觉不到牙疼了，与此同时，牙齿周围的炎症引发的疼痛也无法感知，这对于尽早发现真正的疾病是不利的。所以我们要做的不是试图压制焦虑的感觉（症状），而是接纳焦虑的感觉（症状），进而接纳焦虑本身，理解焦虑只是一种应激机制。

当我们不再害怕焦虑、接纳了焦虑的时候，它就没那么容易兴风作浪了。因为焦虑本身没有太大的危害，它只是你身体的一种自然的应激机制反应。问题在于焦虑带来的症状，表现为各种身心难受，比如心跳加快、头昏脑涨等。身体感觉不妙，内心就会产生抗拒感和恐惧感，抗拒和恐惧又进一步加重了焦虑，这才是问题的关键。

焦虑无法根除，但是可以与之和平共处，而和平共处的方法就是无条件地接纳它然后真心去面对问题，要坦诚，要诚心去改善，因为这样你才会发现，伴随着柳暗花明又一村，伴随着问题的解决，是焦虑本身的大大缓解。

你要相信：任何挫折，如果无法彻底击败你，那一定会使你变得更强。

每日践行：思行合一才能快速前进

毛姆说过，"任何一把剃刀都有自己的哲学"，这需要我们每日践行微小到"呼吸"的事情。

神奇的每日践行

我们从小立下过不少宏愿，但是到最后都落了空。我的 35 岁之前，是不断地立下誓愿，又不断落空的过程。但是经过 35 岁那一年的焦虑之后，我反而慢了下来，找到了真正能改变自己的方法，这种方法极为简单，就是朝着要去的方向，每日践行。

回顾当年，焦虑的根源就是贪多求快，而当结果与预期不符时，便容易陷入巨大的焦虑之中。

关于每日践行，我做的第一件事情是运营"改变自己"微信公众号，从 2013 年每天日更，坚持到当年的 10 月，居然有了 6 万多粉丝。

至今已坚持了 5 年。

第二件事情是我坚持每日运动，虽然只是 10 分钟的力量训练，但是很大程度上改变了我每天的精神状态。

第三件事情是我从 2017 年 8 月开始日更新"辉哥奇谭"，这个账号的内容全部是我自己的原创文章。其实开始写的时候我的内心也充满了怀疑：到底能怎样？是否能坚持下去？这样的坚持是否有意义？对于文章质量参差不齐，我也曾一度陷入自我怀疑。

但转变来自某一天我在公司遇到了不开心的事情，下班后到家也很晚了，本来当天什么也不想写，但是迫于自己的誓愿，决定还是写。写什么呢？我决定把自己生气、不想写的状态写一写。当我开始这一天尴尬的写作之后没多久，神奇的事情发生了：我内心的愤怒、不平，逐渐在写作的时候释然了。所以文章到后来发生了 180 度的大转折，我开始能理解其他人、理解自己，内心也没有那么难受了。这给了我很大的启发，我从此明白日更写作对我自己的意义。

毛姆说过，"任何一把剃刀都有自己的哲学"，这需要我们每日践行微小的事情。

我所做的每日写作、每日运动，以及很多人在做的每日画画、每日行走都是类似的事情。你无需为了成为世界冠军才做这样的事情，你可以为发现自己、做更好的自己去做这样的事情。

停止讨论，请上手

到了现在这个年纪，我最讨厌的是"谈论某事"（talking about it），我最喜欢的则是"上手摸摸"（hands-on）。

比如无线充电器，因为我新买的某品牌手机支持无线充电，所以我特别想体验一下手机无线充电的感觉。该品牌官方的无线充电器还没有上市，我买了两个其他品牌的，都是名牌。但用了两天，我很快就发现了槽点。

第一，充电慢。无线充电本来应该给人随手充电的感觉，但是因为充电速度慢，这种随手充无法带给人快感。第二，位置对不好就充不了电，操作不方便。第三，充电时手机需正面朝上，半夜总被各种消息点亮屏幕，甚是烦人。

以上细节体验都是在商品介绍或者官网无法获得的信息，在朋友圈问已经使用过无线充电器的朋友，也没有这么具体的槽点介绍。然而，当自己真正使用之后，就会发现任何网站、媒体和社区都看不到的问题。这就是"上手摸摸"的价值。

此外还有某品牌电动车，在购入某型号车的前几年，我一直在关注这辆车，也在各个渠道，包括汽车媒体、社区看大家对该品牌的评论。在未购买之前，你会注意到这辆车的一些特点，包括17寸大屏、极快的加速、电动和自动驾驶等卖点。但是，当有一天我真正购买了这款车，并且经过1.7万千米的驾驶之后，我才对这辆车有了更加深刻的认识。比如，它的自动驾驶不是万能的，按照SAE（美国机动车工程学会）的定义，目前它的水准是Level1、

Level2 级别的自动驾驶，因为手册里要求驾驶员必须紧盯马路。这一点，在真正使用该型号车之前，是无法获知的。

几乎没有记者提到过该品牌的 OTA 更新（空中软件升级，类似于 iPhone 等智能手机的系统升级），但是在使用 8 个月后，我发现其最大的亮点既不是大屏，也不是自动驾驶，更不是加速，而是 OTA。是 OTA 使该品牌在这 8 个月内越来越"聪明"。此外还有高速及长途续航能力、超级充电网络的便利性等，都是仅凭看消息无法获取的认知。

还有 2017 年 11 月初上市的 iPhoneX，大家都在谈论其刷脸（Face ID）功能。但是直到我买来用过后，才发现其真实感受是如此不同，无论是各种光照条件、各种角度的解锁尝试，还是全面屏之上的全新的触摸交互，都是无法从任何新闻、评论中准确获得的。

以上种种，都是无法通过听说的方式来获取的认知。只有亲自用过，才会有真正的认知。

类似这样的例子在工作、生活中不胜枚举，大部分人已经习惯上网搜索，看看帖子和新闻。用这种方式来建立认知，与实际有极大的偏差。

首先，绝大部分帖子的作者或者新闻记者，并非行业专家，甚至不是这个产品的深度用户。其认知的深刻性要被打很大的折扣。比如对于一款汽车的介绍，如果不是用户，就无法真正理解用户购买这款车的心理；如果不是每天使用的用户，就无法知道这款汽车真正的吸引人之处，也不知道这款车最大的槽点。靠一两天甚至几个小时的所谓体验，只能获得皮毛的认知。

其次，在很多最新的领域，没有人是先知，更没有现成的认知总结成文摆在你面前。如果想获得更新鲜的信息，就一定要去亲自拜访那些在第一线的人，他们是真知灼见的真正源头。在产品没有面世、无法真正买来体验之前，和这些 Insider（内部人士）仔细探讨问题，收获最大。

我们一直都在强调提升认知，面对一个新的领域、一个新的市场、一个新的产品，再没有比亲自动手更好的建立认知的方式。所有坐在办公室里、坐在电脑前面，通过刷刷帖子妄图建立正确认知的做法，最后都被证明是痴心妄想。

但凡需要深刻的认知，一定要亲自体验。从手机充电器到自动驾驶，莫不是如此。为了体验这些产品，你一定会付出很多代价，比如金钱。但我的经历表明，为了获取关键认知而投入真金白银，是非常划算的事情，最终也会被证明"值回票价"！

如果想做出好产品，产品开发者本人必须用过同类的其他好产品。比如，如果想做一款好手机，则首先必须是 iPhone 的深度用户（国产现有的好手机都是在学习借鉴 iPhone 的基础上起家的，比如小米、华为、锤子、vivo、OPPO 等）；如果想造一辆好的电动车或者研发自动驾驶系统，则首先必须是 Tesla 电动车的深度用户。

乔布斯生前是日本 Sony 产品的粉丝，第一代 iPhone 的一款原型机甚至刻着 Sony 的 Logo，原因是乔布斯要求产品设计人员能做一款和 Sony 产品媲美的手机。

车和家的创始人李想提过一个观点：一个公司必须非常明确地知道两点：第一，自己想要什么；第二，自己的客户是谁。

对于这两点非常明确的公司，做选择、找方向都会非常坚定。对这两点有任何一点不清楚，或者公司上下无法在这两点基本认知上达成一致，其业务就会出大问题。

如何明确地回答"自己的客户是谁"这个问题？最好的办法就是让自己成为自己的目标客户。换言之，如果你无法深入体会某个场景、深入理解某种痛点，你很难做出真正的好产品。因为你不知道该如何取舍，也不知道该坚持什么。

"微信之父"张小龙非常在意隐私，在意到会影响一些人的体验。比如，如果你有两个微信账号（很多人都是这样），但只有一部手机，你希望能在手机上方便快捷地切换账号登录，对不起，每次切换你都需要重新输入密码。一键切换难吗？一键切换没有需求吗？答案都是否定的。所以，这样设计必定是有所坚持的结果。张小龙首先是为自己打造了一款自己愿意日常使用的 IM，其次才是为大众打造一款工具。

从某种意义上说，产品经理所习惯的产品调研、UE/UX 所习惯的用户访谈已经失效了。因为最新产品的用户还是非常少的，属于《跨越鸿沟》中所定义的 Innovator（发明者）和 Early Adopter（早期用户）。因为样本稀少，所以，最有效的方式反而是让自己变成发明者和早期用户。

每次我劝说一些产品人员购入最新的产品体验时，总会碰到这样的回答："太贵""还不成熟"。但我想说的是：就是因为贵和不成熟，你才有机会成为早期用户。早期体验前瞻性产品，是给自己一张通向未来的船票。你自己所付出的金钱和时间成本，最终都会被加倍地补偿，如果你不是特别笨的话。

人和人最终的差别会体现在认知和品位这两件事情上，而这两件事情都可以通过体验好产品、体验前瞻性产品逐步积累。想想看，你日常所用的产品如果都是好产品，你的认知会差吗？你的品位会差吗？如果你的生活中充满了此类好产品，你会潜移默化地形成一个很高的标准。最终，是这个标准决定了你所能做出来的产品的水准。

产品设计有不同的层次，为他人设计是更高的要求，比如张小龙所说的"训练自己瞬间成为傻瓜用户的能力"（只有成为傻瓜用户才能为大众设计产品），但张小龙在同一场讲演中又强调"你无法理解他人，只能理解自己"。因此，首先确保为自己设计一款好产品，一款你愿意每天使用、解决你自己的痛点、你愿意向朋友推荐的产品，愿意告诉朋友"这是我的作品"的产品。

能达到上述基本要求的产品经理，实在太少！更多的人每天在做一些自己平时不用，但是期待用户每天使用的功能。

所以，如果你要参与一个新产品的研发，一定要确保自己首先是该产品的目标用户，你一定要深入体验同类产品中最好的那几个产品，甚至成为目前市面上最好产品的拥有者和深度用户。

别怕花钱，认知比钱值钱，而钱每天都在贬值。

快速阅读的方法

每天阅读一本书

如果把写作看成一种知识的输出，那么我们就得去审视自己的知识存货和知识输入。我们知识库的输入包括阅读、看电影、旅行、实践、听优秀的人分享等。而在这些方法当中，最易得的就是阅读。这是一种间接知识的传承。

阅读量首先取决于时间，其次取决于方法。我们不妨看看手机在过去 24 小时的"能源消耗"——这个电量消耗基本上可以视为我们使用手机的频率和电量在各个 App 上的分布。不出意外，微信是其中最大的消耗者，少则 30%，多的超过 70%！即使按 30% 来计算，也是每天差不多 1 小时。

所以，如果我们能从"微信时间"中挤出一些时间，还是非常可观的，每天少则 30 分钟，多的时候会超过 60 分钟，甚至达到 90 分钟。

除了时间，还有单位时间的阅读速度。如果我们一小时无法看完一本书，那么我们也很难实现每天阅读一本书的目标。然而我认为，平均一小时看一本书，是完全可行的。

首先，90% 以上的，如果按照和你自己的相关性，以及知识的原创性、启发性这几个指标来衡量，都是无需去关注的。另外，一本书即使是经典著作，其中的核心观点也可以用很少的几页纸概括。互联网思想的经典书《长尾理论》，其核心思想不过是书中的 3~4 页。而全球销售超过千万的经典文学哲学著作《禅与摩托车维修艺术》一书，其精华之处也可以用不超过 10 页的内容概括。

所以，我们阅读的目的就是要找到那 1% 左右和你相关的、经典的、有启发的书，再从其中找到 10% 真正有价值的信息。除了阅读纯文学著作，其他的书都可以按照这种看似功利的方法快速阅读。

阅读，需要有目的

为什么有时候我们拿起一本书，却迟迟不愿意读，随便一个其他的东西，就能吸引走注意力？

这是缺少阅读目的（reading purpose）的表现。我们都反对功利性的阅读，但是，功利性不等于目标，目标也不等于功利性。不能因为反对功利性阅读而放弃对于阅读目标的审视和设立。阅读必须有目的，没有目的的随机阅读，除了放松大脑，其他一无是处。

从哪些方面寻找阅读的目的？以下方面可供参考。

第一，最近的困惑，比如关于学习效率的，关于二人感情的，关于亲子关系的。任何困惑都可以作为阅读的目的，困惑越深，这个目的就越明确。

第二，希望精进的领域，比如心理学、编程或茶艺。

第三，打算输出的领域，比如你要做一个知乎 Live，你想写一本书，你想做视频博客（vlog）。输出会倒逼输入，会逼着你去大量阅读。

以终为始，重新去推演自己的阅读目标，以便更好地阅读，更有效地阅读，更多地阅读。

更进一步，如果你最近一段时间读书散漫，没有目标，那么说明你近期的人生目标也不明确。这也是一个很好的警示信号。告诉自己，应该慢下来，重新去看是否在正确的轨道上，阶段性的目标是否需要更加明确。

速读术

越是在注意力被大量占用的时代，越要讲求读书的效率。关于读书，首先应该明确如下几点。

（1）任何一本书，只要花 10 分钟就能判断值不值得读。人类历史上产生的书数以百万计，但是真正有原创思想的经典之作不过 1‰。对你而言，大多数书是低价值的。你只要判断现在这本书是不是高价值的即可。

（2）在读书的时候，秉持 People Rank（即搜索引擎中的"知名度"，这里指我对其他作者作品的引用或推荐）的思想很重要，读书应触类旁通，还应关注一下书的作者是谁，书后面引用了哪些其他著作。因为一个优秀作者的其他作品一般也都不错，一本好书后面所引用的其他著作也一般是好著作，这就是读书时的 People Rank 思想的运用。

（3）即使是好书，也要非常快地看完。多快？通常经验是 1 小时翻完一本 300 页有一定理论深度的书。迅速找出书中对你有用、对你有启发的部分，忽略其他部分。

（4）带着问题去看书，持解决现实问题的想法去书中找答案。

（5）立刻实践书中相关的部分，或者是对你有启发、能解决你问题的那部分。

（6）有机会应从头再翻一遍，一本好书要翻很多遍。

（7）看书不是全篇地往头脑中复制粘贴，这样不慢才怪。看书就像是做索引，想象一下在大脑中建立一个索引库，看完书之后能在这个索引库中添加一些记录，以后碰到问题，在这个库里检索即可。读书要像查询手册一样，碰到问题，知道哪本书里有答案，可随时去查阅。

（8）看书，就要看重点的示意图，示意图代表着关键思想的抽象，代表着核心思想，一图胜千言。

（9）英文书也是一样，英文书为什么看得慢？因为我们习惯了一个单词一个单词地看，想想你是怎样看中文书的？一目十行地扫视。如果开始不习惯，可以每一段看第一句和最后一句，这样也可以加快阅读速度。

（10）很多书的核心观点只有几页，哪怕是 300 页的经典书，也不可能每页都是经典，所以你需要迅速直达核心，找到这关键的几页。

（11）看书时不要从前往后一页页地看，可以从最后一章看起，或者随便翻到某一章就开始看。忽略顺序和逻辑，直接切入你最感兴趣的部分。

关于高效阅读的几个方法

（1）**"不择手段"**：在阅读的时候，不要有太多的"洁癖"，比如，有人只喜欢纸质书，有人读电子书的时候只喜欢电子墨水，并且只喜欢某一款 Kindle。这就难伺候了。其实，阅读就要不择手段，充分利用各种介质阅读，比如纸质书、Kindle、iPad。告诉你一个惊人的发现：其实用非常大的 iPad Pro 及 Macbook 这样的电脑阅读，速度是非常快的。相比纸质书，电子阅读缺少一种庄重感，但是在搜索、做笔记、做分享等方面，电子设备远胜纸质书。

（2）**不择时间**：如果能有固定的阅读时间当然最好，但是没有的话怎么办？很多人会把不期而遇的碎片化时间全部浪费掉，其实可以用于阅读，前提是你把阅读变成像看微信或者打手游一样方便，可以随手拿起或放下。很多人喜欢沉浸感，但沉浸感是一种很昂贵的体验，需要特定的时间和空间，也需要一定的时间长度，需要前戏，也需要后戏。但在这个时代，我们必须向碎片化臣服，比如利用碎片化，去做一些随手可得的阅读。想想看，每天我们花在朋友圈、今日头条、一点资讯的时间不都是阅读时间吗？其实，那里面没什么太多有价值、成体系的内容。要获取有深度的知识，还是来看书吧！

（3）**抓住重点，抓住相关处**：看书的时候，不要像兔子一样安静，要像猎狗一样敏锐、灵动，永远要知道自己拿起这本书的目的。要快速地去找你在此书中的猎物所在。猎物有两种主要的类型，第一是核心思想，比如找到长尾理论的依据、背景、阐述和重要的例子。又如阅读《禅与摩托车维修艺术》一书就是要找到关于良质的阐述。第二是和你自己相关的东西，比如读《少有人走的路》，你可以看你重点关心的部分，看看哪些内容可以解释你目前的人生道路，比如感情上遇到的挫折与问题。仅此而已。

（4）**注意输出**：只输入不输出，其输入效果也不好。读书一定要注意输出。输出的形式多种多样：可以是书摘；可以是拆书，把书的逻辑框架、叙事步骤拆解出来；可以是一段读书笔记的分享。我对于好书的标准很简单，就是至少有一点可以影响到我的思想，让我愿意后续拿这个观点去分享。所以，阅读一本书，找到一处可以分享的地方，这是基本要求。这就和你每天用一张照片来概括当天的生活经历一样，要求不高，但是做到的人不多。不过还是希望你能做到。

人人可写作

人人都可以学习写作，持续的写作，让我逐步找到了属于自己的哲学，让我直面欲望、恐惧和痛苦，也让我逐渐明白哪些事情更重要，哪些事情其实没那么重要。

写作能带给我们什么呢

（1）写作是与自己相处的好方式。

人最重要的就是与自己和平地相处。通过把自己内心的想法写出来，你能更加心平气和地去看待自己身上的优缺点，看待自己内心的冲突，看到让你内心不平静的东西，看到理想与现实的差距，也看到希望。写作本身是一种非常好的与自我相处的方式，即使你不想成为作家，你在写自己的内心的时候，会发现自己在和自己对话，这种感觉非常好。

（2）记录生活的小确幸。

当开始写作的时候，我们会想很多主题；当我们想很多主题的时候，会让自己保持一种比较警醒的状态，可以随时不断地记录自己的生活，哪怕是一张照片、一段语音，都是一种记录。这种记录会让你发现生活的乐趣，包括遛狗、买菜、做饭。比如我在做饭的时候，有时会在旁边放上 GoPro 运动摄像机，把整个过程用延时摄影的方式录下来，等做完饭之后快速播放一遍，感觉特别有趣。

我会每隔一段时间整理一下每天照的照片。每天选一张照片，这张照片会让我想起那天生活的印记。Apple 对这个理解非常深，最新的 iPhone 的软件中加入了一个叫"回忆"的功能，能帮你把你过去每一天所拍的照片，自动配乐剪辑成一个短视频。

（3）写作对自己的思维能力非常有帮助。

很多人经常会脑中迸发灵感，宣告"I have an idea"。对此你会很兴奋，甚至晚上睡不着觉，一直在想这件事情。但当你去给别人讲的时候发现不是那么回事。别人会发现有一些你没想到的问题，或者你本身讲的时候没有严密的逻辑。如果你把想法写下来，那么你会发现自己原来想的不是特别清楚。通过写作，你会把自己的假设、论点、论据和论证过程都想清楚。这是一种非常好的锻炼思维的习惯。写作会让思考更加有深度。

（4）写作可以逼迫自己加强学习。

写作是输出，要想输出，你就要不断地阅读和思考。有时工作完回家很累，很想瘫在沙发上，什么也不干。但是，因为有写作的压力，所以我逼迫自己很快地去看书，每天都去看书。

（5）写作可以帮你获得未来的收入。

现在国内对于版权越来越重视，每一个超级 IP 都会有可观的版税收入。并且现在无论是微信公众平台还是得到、知乎、分答，这类平台越来越多，都鼓励你分享知识和经验，换取收入。

写作本身会成为未来非常时尚的一种职业。这种职业是很难被机器人、人工智能取代的。而且，它有很强的边际效应，一份时间可以被销售很多次。因此，如果你在意自己的未来，就可以尝试去写作。你未必会成为 J.K. 罗琳，写出《哈利·波特》，也未必能获得不菲的收入，但是，你可以通过写作获得非常好的前景。

如何获得写作的灵感

（1）提高写作频率。

在每周写一篇的时候，我也曾碰到不知道写什么、不知道从何写起、写什么都觉得乏味的境况。在 2017 年 8 月开始尝试每天写一篇之后上述情况发生了根本转变，因为每天要写，所以便逼迫自己养成随时记录灵感的习惯。

其实每个人每天总会有不同的发现、不同的灵感，但如果不马上记下来——无论是用小纸片还是手机，这个灵感会转瞬即逝。

并且，因为写作频率提高，直接刺激了感官的敏锐度，对于身边原本忽视的人、事情以及自己内心的涟漪更加敏感，从而产生了更多的写作素材。

（2）写自己的心声。

人各有天赋，也各有不足。有很多人觉得自己文笔不好，所以放弃了写的努力。对于这个问题，首先我们要承认写作能力的确有个体差异，但是在写出心声方面，却是任何一个人都可以有所作为的。

我上初中的时候，有一本薄薄的月刊专门教人写作文，其中一篇写作技巧讲解的是"掏心窝"。

如果你不理解什么是掏心窝，就回忆一下自己特别烦躁、特别沮丧、心情特别差的一天，想象自己在向闺密或者兄弟倾诉。只要情绪到位，在倾诉这件事情上一定是很流畅的。平静地记录下自己倾诉时说的话，基本上就是一篇不错的文章。这种掏心窝的写作方法，几乎适用于任何人。

作为练习，想象最近三天内发生在你身上的一件大事，无论它带给你的是惊喜还是悲伤，直白地记录下这件事情的来龙去脉、对你的影响、你自己的想法等。一旦你习惯了这种练习，则几乎没有借口不写作。

（3）放弃评判。

在"辉哥奇谭"于 2016 年重新开始运营时，我花了四天时间写了一篇文章，写完之后，总是感觉不对劲，但也说不出哪里不对，反正就是不满意。后来硬着头皮发出去，居然收获了大量的阅读和点赞，并且后来被近百家微信公众号转载，也为我自己的公众号带来了有史以来第二多的关注人数。

受文化的熏陶，很多人对于自己总是很苛责，不自觉地对自己做评判。但是，过度的自我评判会抑制你的进取行为，大大打击你的积极性。如果最初我没有通过自己这一关，那么这篇文章最终可能会被丢弃在故纸堆里。

所以，遇到自我评判时，不妨告诉自己，"让子弹再飞一会儿"。

（4）朋友圈测试。

当你有三个灵感时，怎样判断应该写哪个？我这里有一个技巧：把这三个灵感都以简洁的形式发在朋友圈，看大家对于哪个消息点赞最多、反馈最多，那么你的下一篇文章就可以用这个灵感作为核心思想，做一些拓展和丰富内容的工作。

写作的方法

很多人好奇为何我在忙碌的工作之余还能做到日更，在此我来谈谈我的写作方法：三遍写作法。

顾名思义，一般情况下，我的文章都用三遍写成，具体如下：灵感捕捉；流畅地扩充内容；最终写成文章。

（1）灵感捕捉。

其实写东西不难，确定写作主题反倒是最难的一件事情。好主题最基本的条件是：这个话题是大家关心的且我正好言之有物、有感而发。灵感是来无影、去无踪的，所以，如何能激发灵感，如何能在灵感降临时及时记录下来，就成了一种挑战。

根据我的经验，灵感总是出现在下面几种场景下：

①与人聊天时，尤其对方和你思维合拍时，你的很多想法会瞬间爆发。

②空闲独处时，比如睡觉前、起床后、刷牙时、在卫生间时等。这些场景的共性是你处于一种相对独处的状态，有一段不受打扰的时间。

③看书时或者听书时，所谓好书一般都需要看很多遍，且每次都会有不同的感受。比如《禅与摩托车维修艺术》《游戏改变世界》《赋能》等书，我都是前后多次阅读，每次都有新的启发。听书也是一样，有段时间我听曾鸣的《智能商业20讲》，因为每天上下班开车时都会听，所以基本上一两天就能听一遍。我经常在堵车的时候突然关注起某句话，觉得非常有启发。这就是灵感。

④体验新产品时，无论是 Tesla Model X、Apple AirPods 耳机、

iPhone X 还是抖音，我都会在接触这个产品的初期有很多观察和感悟。

⑤他人提出好问题时，比如有读者在微信后台提出好问题时。

总结以上场景，其共性是有合适的环境和有新的信息输入。但是，灵感的特征是忽如其来、转瞬即逝，所以在灵感产生时，要尽快用各种方式记下来。现在我常用的办法就是用手机备忘录记下来或者在微信朋友圈里把某些想法直接发出来。开车的时候不好记录，我就按手机录音键把想法录下来。当我想写文章时，就去备忘录或者微信朋友圈看我当时的感言。

（2）流畅地扩充内容。

灵感往往只是一句话，多的也不过三句。怎样把这些只言片语变成文章呢？

最好在灵感记录下来不久，就把它们都搬到写作工具中去，比如我用的 Ulysses。当你需要写作时，可以扫视这些灵感，然后随手抓起一个最有感慨的主题，快速去扩充内容。

这里面的要点是：你记录下的灵感有多个，开始写作时最好找此时此刻仍然有很多感慨的主题。在这个选定的主题下不断地扩充文字，一定要确保自己在写作时不能中断，即一定要保证敲键盘输文字的速度。这个速度是思维流畅度的标志因素。

如果卡在某处写不下去怎么办？不要强攻，因为你有多个灵感待扩充成文章，所以排名第一的想法卡住了，就顺势去写排名第二的想法；第二个卡住了，就去写第三个。此时，具体写什么不那么重要了，重要的是你要流畅地去写。因为书写流畅度体现出了你对这个想法的认同度和你内心中与之相关素材的丰富度。任何一个条件不满足，书写肯定不会流畅。

（3）最终写成文章。

因为我有连续写作 365 天的承诺，所以每天都会固定完成至少一篇文章。每次碰到写得不顺、不爽的时候，我都会用 Facebook 公司的一个口号——"完成比完美重要"来激励自己写完，哪怕写的过程并不如意。

我最终会选完成度最高的那篇文章为基础，做逻辑梳理、文章结构优化和文字润色。经过几轮打磨，这篇文章会呈现全新的面貌。有了第一步捕捉灵感和第二步流畅地扩充内容，最终写作的过程会变得容易很多。

其实每天的写作状态、主题受欢迎程度、写作时间都会影响文章质量。但根据我过去 200 天的经验，即使一些时候自己觉得写得不够好、不流畅、不深刻、不够有趣，但是多数读者还是很包容的。

最终，日更这种习惯本身变得更加重要了。写什么、写的质量如何等反倒成了第二位重要。并且因为日更，我的写作水平有了实实在在的提高，这都是在日更之前没想到的。

坚持每日阅读、写作和运动

长久以来，我们坚持下来的就是每天呼吸、吃饭、喝水和睡觉这四件事情。因为这四件事情都属于不坚持会出大事的行列。

那么其他事情呢？比如阅读、写作、运动和分享？不坚持其中任何一项，我们会出大事吗？

短期看，没有任何问题；长期看，似乎问题也不大。有那么多人一辈子也不做这几件事情，也都活着。

但是如果我们仔细思考就会发现，这些事情从长期角度来看，不坚持会出大事。

这个大事就是无法维持 well-being 的状态。什么是 well-being 的状态？举一个例子，当你 70 岁时，在传统观念中应该在家里待着或者在床上养病，但你也可以和爱人一起满世界地旅行，这就是我心中 well-being 的状态。对于这种状态，不要惊奇，美国一些持续健康生活的老年人，在 70 岁左右就是这种状态。我们国内也有一些。

对我个人而言，如果无法坚持以上四件事情，那么我很难保持 well-being 的状态，既无法短期维持，更无法长期维持。怎样才能做到坚持阅读、写作、运动和分享呢？我觉得要解决好以下几个方面的问题。

第一，动机，就是你为何做这件事情。从根本上来说，我觉得无论男女，一辈子要做的事情都是要保持吸引力，任何处于社群中的生物都有一个根本的诉求——获得关注。从动物性而言，这是生命延续的关键；从社会性而言，这是我们自我价值的核心诉求。而无论是聪明的脑子，还是健康的身体，都是保持吸引力的关键。

第二，反馈，即通过做这件事情你获得了什么好处。对此最好能够比较及时地反馈。反馈有长期的，比如我们常说的"十年树木，百年树人"这样以十年、百年为周期的反馈；也有比较短期的，比如 30 天、1 天，甚至是即时。我们要坚持一件事情，最好能在 30 天以内有一定的反馈，这对于养成习惯是有好处的。有一本书讲的就是 21 天养成习惯的理论。如果做一件事情，30 天还没有反馈，你要反思一下是不是哪里出问题了。

第三，习惯，即是否能有"最小化的坚持"。比如运动，最差是否能坚持每天运动 10 分钟（几组拉伸 + 力量训练）？比如写作，最差是否能坚持每天认真地写 140 个字？相当于一条微博的字数。比如阅读，是否能坚持 15 分钟的阅读？即每天碎片时间的 1/10 ~ 1/5。有一些朋友在看到我朋友圈的运动分享有时仅 10 分钟时，就给我善意的忠告：10 分钟太少，至少需要 30 分钟。对此，我的观点是其实 10 分钟可以是一个"最小集"。有了最小集的观点，坚持本身就会比较容易，因为你没有太多借口（如出差、旅行、累）。没有借口，就好坚持了。有一本书的名字就叫《清晨 8 分钟》。

我坚持得比较好的晨间运动和写作，正好符合上述原则。曾经有段时间坚持不好的阅读也通过调整，达到了平均每天阅读一本书的目标。

有朋友谈到人生的困惑和迷茫，其实我以前是一年会有一次大的迷茫，现在是一个月基本有一次小的迷茫。无论是否迷茫，你觉得对你的终极人生有益的几件事情，就需要像这样每天去坚持。

终身学习：人生最重要的能力

安分守己，等着被岁月收割；

不安分，则不断收获岁月的财富。

人生，就要不安分；

人生，必须终身学。

没有激励机制的学习都会落空

激励是一件神奇的事情，激励机制在工作、学习和生活中时刻在体现其独特价值，接下来我从多个方面来谈谈激励机制，尤其着重谈谈激励机制对于学习的影响，因为终身学习，已经成为每个职场人的必备技能。

我先从一个生活中的小设计来介绍何谓激励。这里我们讨论的是男士每天都能遇见，但公开谈起来略显尴尬的事情：如何让男士在如厕（小解）时不溅在外面。

第一层次的设计：在墙上贴上标语，比如"向前一小步，文明一大步"。

第二层次的设计：放一个静态的图案，比如新加坡樟宜机场的卫生间小便池都有一个苍蝇图案。据说这类图案都是刺激男性在如厕时不溅在外面，具体效果如何，缺少评估。

第三层次的设计：放一个球门，球门中间挂了一个小球，如果你射准了，这个球会小幅转动。可想而知，男同胞对于这种极为简单的射门游戏会非常感兴趣。这是我见过的最妙的如厕激励措施，这个设计者应该被授奖！这个球门设计充分体现出优秀的激励机制的妙处。

图书《游戏改变世界——游戏化如何让现实变得更美好》则具体解释了何谓优秀的激励机制。但凡受欢迎的游戏都有绝佳的激励机制，这本书深入探讨了游戏和现实世界的关系，讲了游戏化的趋势、游戏化的运作机制以及游戏对现实的启发。书中讲所有游戏都有四个决定性特征：目标、规则、反馈系统和自愿参与。目标（Goal）指游戏玩家努力达成的具体成果，它吸引了玩家的注意力；规则（Rules）为玩家如何实现目标做出限制；反馈系统（Feedback System）即时告诉玩家距离目标还有多远，浅层次的反馈手段包括点数、级别、得分等，深层次的反馈则会激发更深刻的情感；自愿参与（Valuntary Participation）则要求所有玩家都了解并愿意接受目标、规则和反馈。

在以上四大特征中，目标、规则和反馈系统构成了反馈机制的要素，而自愿参加则是通过反馈机制达到的效果。在上述如厕设计中，目标是如厕时对准小便池，规则是一旦射中足球，小球就会小幅摇摆滚动，反馈系统是这个球门和小球本身的构造。

激励机制的作用非常普遍，尤其在养成一个习惯或者学习新东西时，如果无法及时引入合适的激励机制，那么我们最初的热血沸腾最后都会无疾而终。吴军在回顾自己的《硅谷来信》的写作经历时说了一句话，大意是：一件事情之所以能坚持下来，不是因为远大志向，而是有正向激励。

比如写文章，写一篇文章不难，难的是每天坚持写；比如早睡，偶尔早睡一次不难，难的是一直坚持早睡；比如跑步，某天心血来潮去跑 5 千米不难，难得是每天坚持跑 1 千米；比如学习 Python 编程语言，学初步的语法不难，难的是从入门到精通，可以用这门编程语言解决自己生活、工作中的问题。

在激励机制的三要素中，目标好立，规则好写，难的是反馈系统。而从另一方面来说，如果有效的反馈系统一旦建立，则整个激励机制会趋于完善，从而你能更加容易学会一项新技能，养成一个好习惯。

以写作为例，我在 2017 年 8 月偶然连续三天都坚持了写作，发了三篇文章。第四天的时候，我突然想：要不要立一个 flag？于是我在文章末尾写下了"我想尝试挑战连续原创写作 100 天"的誓言，每天计数，当天是 4/100。

在有了这个 flag 之后，我果然坚持每天写作，而之前每周最多写一篇。尽管中间有假期、有加班、有应酬，但最后我竟然把 100 天挑战有惊无险地完成了。在我坚持写作这件事上，公开承诺成了一种激励机制，目标是连续 100 天写作，规则是每天写作并计数，反馈系统是通过微信公众号公开发表并计数，从而得到大家的鼓励和认可。起初，激励机制起作用的秘密在于我有公开承诺，而自己又碍于面子，不愿轻易放倒自己的 flag。

但是中间某一天，我在工作中碰到不如意的事情，没想到通过记录生气的经历，自己居然释然了。文章写完之后，整个人变得非常轻松愉悦。这是一种难得的心理体验——通过写作做了一次心理 SPA，让自己从一个坏情绪中解脱出来。

这篇文章对我而言是一个转折点，从这篇文章开始，我因为爱面子而坚持变为对自己关注而坚持写作。通过写作，我可以与自己对话，总结自己当天的心得体会，把一闪而过的念头记录下来并变成更加完整的思想。**从这一天开始，我的写作激励机制逐渐升级了。**

很多时候，原本无法想通的问题，在写作的过程中却得到了自然的舒解。在类似这样的自我对话发生过几次之后，写作之于我有了新的意义：通过写作完成自我对话，通过自我对话解决内心的矛盾，通过解决内心的矛盾升华自己的意念，通过升华自己的意念完成某种意义上的自我突破。

后来写作对我而言就像喝水、吃饭一样，变成了每日的需求，所不同的是，写作是精神的需求。每一次写作的过程，我都会进入心流状态。进入这种状态后，内心极为平静，一种淡淡的幸福感会油然而生。写作就像给心灵做 SPA，让人感觉神清气爽。这样的舒爽感会给人非常正向的反馈，而正向的反馈会反过来激励你不断重复做同样的事情。在这种正向反馈刺激的良性循环之下，你不再需要意志力去强迫自己坚持。就像小孩子吃糖一样，你想吃糖不是为了坚持，而是因为糖是甜的，而一旦写作也变成了一件你想去做的事情，那么这种看似枯燥的活动从此与坚持无关。

其实对你人生重要的很多事情，都可以从持续写作的过程中得到启发。你需要认可这件事情对你人生的重要意义，通过日复一日的坚持，逐步提高技能，最终发现超越辛劳的乐趣。在不断强化的正向激励之下，把这种活动内化成自己的生活之必需，从而超越坚持。

激励机制没有那么复杂，但有好坏高下之分。高明的激励机制通过短期的、外部的激励（为简单起见，我们称之为"浅激励"），逐步触发长期的、内在的激励（同理，我们称之为"深激励"），最后再发展出惩罚机制（也有人称之为"成瘾"，但运动成瘾、写作成瘾是好事）。

比如运动这件事，第一周你很难有深激励，但是通过记录分享和获得朋友的点赞，你可以获得浅激励。坚持到一个月时，你的身体会发生可感知的变化，比如行走轻快、肌肉逐步有型，每次运动到位的时候还有内在的快感。这时候最初短期的、外部的浅激励就逐渐演化成长期的、内在的深激励。如果继续坚持三个月，你会因持续获得深激励而提高自身的标准，这时候惩罚机制逐步形成，即一旦你某天停止运动，你会觉得浑身不自在。这是一个从浅激励逐步发展到深激励，从深激励逐步发展到"惩罚机制"的典型。

写作对我而言，正好经历了这三个阶段：第一阶段，单纯的打卡坚持，获得大家的认可，这是浅激励；第二阶段，通过写作帮自己缓解了精神压力，这是深激励。第三阶段，如果哪天看起来太忙，无法写作，我会浑身不自在，感觉有一件大事没有完成，这个阶段已经形成了惩罚机制。

浅激励是走向好习惯的第一步，深激励是形成习惯的平原区，坚持下去，可以发展到惩罚机制，而惩罚机制是形成稳定习惯的标志。

如果你想学习的技能总是无法开始，或者总是半途而废，不妨仔细分析一下背后的激励机制是否有问题，尤其是目标、规则和反馈系统这三个要素。

就要不安分

我在 35 岁以前的人生轨迹都是老老实实、安分守己的，但是这样的人生遇到了不小的挑战。

2008 年我 30 岁，税前年薪 30 万元，按照当时的标准看不算低，但是我攒不下什么钱，每年最痛苦的就是年终盘点家庭资产时，看到的总是缓慢增长的银行存款。每次痛苦时，我就问自己：问题到底出在哪里？

当时的结论是：没有买房，所以没有房贷压力，导致花钱没有节制，养成了大手大脚的习惯，在买一些电子产品比如游戏机、音响、相机、手机时太随意。连续几年总结，都是同样的结论，但花钱的时候，依旧无法节制。这导致我开始反思：根本问题是什么？

这个问题长时间没有答案。后来我的工资一路攀升，但依然攒不下多少钱。这件事一直困扰我到 35 岁，那时我因为各种原因焦虑了一年，却终于把症结想清楚了。其实本质问题可以用一句话概括：工薪阶层的单一收入与消费主义的叠加。表现为收入单一，没有投资和收入多样化的意识。这逼迫我开始面对惨淡的现实：必须正视严峻的形势（自己不年轻了），解决本质问题（财务自由）。

想清楚之后我就不再只关注薪水，而是把重心放在调整收入结构上。当时我的目标是不依赖工资生活，增加第二收入，同时积极投入精力去投资理财。

如今 5 年过去，当时想法中的"不依赖工资生活"现在已经基本实现。很多人关心怎么实现的，答案都在"三份收入"的思考中：具体的生活经济来源来自写作及其衍生收入；投资的钱只是为了增值，短期并不用作生活开支；工资的收入分文不动地积攒下来，作为家庭的备用金，多出的部分变为持续投资的资金来源。

如果没有过去 5 年前的"不安分"，恐怕我还待在大公司，做一些自己不喜欢的事情，一方面心存各种不满，另一方面又不敢去尝试不同的人生轨迹，因为怕失去现有的待遇。这是很多信奉"安分守己"的职场人士的最大苦恼。

很多人都有这样的困惑：想去的公司工作机会不错，但工资给得不高，不满足自己对大幅加薪的预期。对此，我有两个基本的看法：第一，家庭财政上要真正地思考财务自由问题；第二，个人职业发展要真正知道所需。

首先，关于家庭财政问题，工薪阶层无论挣多少钱，都不会觉得自己收入高。一次大幅涨薪带来的愉悦和满足感，会在三个月内消失殆尽。根本原因不是绝对薪水的高低，而是家庭收入结构的问题：一项收入支撑多重支出。不改变这个根本问题，单纯地追求高薪就是一条路走到黑。

很多人觉得自己月薪三万的困扰，在月薪五万时可以解决，结果到最后发现，即使月薪涨到十万，依然没有改变根本命运。工资越高，痛苦指数越高，因为扣除项大幅增加，税前工资与税后工资的差距越来越大，挣钱的效率在降低。同时，你对一份工作的依赖性在变大，"保住工作挣钱"会取代"干大事"占据你的头脑，这种追求工作安全、期盼平稳退休的想法一旦出现在你内心，就会迅速侵蚀你的身心健康，让你顺利地在30多岁就进入临近退休的"无欲无求"心态。

其次，在职业发展上，很多聪明的人缺少真正的智慧，因为没有机会探索"我究竟想要什么"。他们忙碌地工作、忙碌地生活、忙碌地追求，却把欲望和恐惧当成了自己内心最本质的需求。我以前的工作节奏可以用"不在开会，就在开会的路上"来概括，那时候身体是忙碌的，但内心充满了不安。忙的时候还好说，一且稍微有一些空闲，可以仔细想想这种模式的未来时，我就不寒而栗。当然，因为片刻喘息之后又得去忙碌，所以忙碌成了麻醉剂，让人忘掉了这终极的烦恼：这样下去何时是一个头？

一旦你开始思考终极的烦恼，那么出路很简单：必须学会"不安分"，必须在你画地为牢的人生中找到新的可能。而这种突破一般发生在每年的春节前后。

为何很多人会在一个春节长假之后做出职业选择？因为他终于有了一个比较长的时段可以远离工作，而空闲带来了思考的机会。

但最终职业发展的选择要以思考清楚"自己到底要什么"为前提。此时，放下压力，卸下重担，远离欲望，忽略恐惧，直达自己的内心，不断地追问：在我的职业生涯中，什么是最重要的事情？排在第一位的是什么？为了达到这个目标，我需要做什么样的牺牲？我要放弃什么？我要抵制什么样的诱惑？

不仅要在内心问，最好写下来，甚至用手机录下来，夜深人静的时候反复回放。这种灵魂拷问的方式能让你有机会彻底看清自己。

第一个问题的答案很清晰，如果你的终极目标是财务自由的话，很少有人能靠薪水达成；第二个问题的答案只有你自己最清楚，提示一点：必须找到你的第一心愿，而不是几个不重要的心愿，其余的所有选择必须服从于第一心愿。

当彻底想清楚这两个问题后你就会发现，我们从小所接受的教育——"好好学习，安分守己，长大后找一份好工作"是一个最大的谎言。因为人们在实际生活中，把高工资视为好工作，整日忙碌以求得老板认可，到最后距离人生的终极目标（自由和自我实现）却越来越远。

当你已经陷入这样的窘境，有怎样的解决之道？其实说清楚 Why 是最关键的，关于 What 和 How，有简单提示如下。

第一，收入方面，从只追求高薪转移到调整收入结构上。

第二，职业方面，延迟满足感，追求真正的成就感。与一个正在升起的平台共同成长，共同成就，共同成功。

无论是第一种还是第二种方式，都需要你跳出自己固有的思维圈套。安分守己只有死路一条，我们能选择的就是：打破常规，不安分。

安分守己，只能等着被岁月收割；不安分，则会不断收获岁月的财富。

人生，就要不安分。

高频远胜于大量

我自从 2018 年元旦开始跑步以来，每天 1 千米，除了少数出差在外的时候，无论是工作日还是周末，都能很好地坚持。

在坚持不到 30 天时，我就从只能连续跑 300 米，进步到可以连续跑 1 千米，而且速度从过去的 6.5 千米 / 小时提升到 8 千米 / 小时以上。

我每次在朋友圈打卡记录当日运动时，总会得到如下几种典型的反馈。

（1）才运动 10 分钟，时间太短了！

（2）什么？一千米要跑 11 分钟？比走路还慢啊！

（3）运动强度不够，至少得 1 小时。

......

对于这些质疑，我有时也不免会反思自己是不是做得太微不足道了。但是，一来这是我在紧张的工作中能坚持每日运动的上限，二来这种运动于我的身心的确有明显的效果。所以，我就"恬不知耻"地坚持了下来。

中间我也曾有过暂停的阶段，但是没过几周，身体马上会提醒我：你该运动了。在无法坚持运动的时间段，我很容易感冒；而在坚持运动的时间段，即使偶有感冒侵扰，我都能很有韧性地抗过去。这种差别是很明显的。

在无法坚持运动的时间段，因为精力不够，工作效率也低下；但是在能坚持运动的时间段，精力总是充沛的，人也趋于乐观，心态相对平时要好很多。

每日微运动虽然当天看起来微不足道，但是只要有一到两周的积累，就会有非常明显的效果。坚持 100 天甚至是 365 天，可以彻底改变你的精神面貌。

从每日微运动这件小事我得到的最大启发是：高频小量远胜于低频大量。

类似的例子还有"多次小睡"。我用来恢复精力的方法是利用碎片化时间多次小睡，最长不超过 10 分钟，最短只需要 5 分钟。

比如某日出差需当天往返厦门，头天晚上睡觉时间不超过 5 小时。在这种情况下，第二天工作时犯困是肯定的。雪上加霜的是，白天安排了很多会议，从早晨 9 点一直到下午 6 点，中间最长的间歇是15 分钟，午饭时间也只留了 30 分钟；下午在两个会议间隙要去清华大学开一个会，傍晚 7 点半赶到东直门与朋友吃饭，晚上 10 点多到家。

到家时，当天的微信文章还没有写，而我已经觉得很疲劳了。

碰到这种情况你会怎么处理？喝一杯香浓的咖啡，一杯不够的话再来一杯？在晚上这并非明智之举。

来说说我的办法：当天我用两个 10 分钟的小睡恢复精力，在上午 10：20 的会议间隙小睡 10 分钟，确保整个白天精力充沛。晚上回家之后先在沙发上小睡 10 分钟，又恢复了精力。

别小看 10 分钟的小睡，它不仅能帮我快速恢复精力，提高学习、工作的效率，更能让我保持愉悦，提升克服困难的信心。这与冥想的功效有点相似。

为什么是多次小睡，而不是一个长长的午觉？首先我们很多时候并没有机会睡一个 30 分钟以上的午觉。更为重要的是，如果午睡时间过长，入睡过深，则很难轻松醒过来，并快速恢复清醒的状态。一次 30 分钟的午睡，很难比上两次 10 分钟左右的小睡。

除了跑步、休息，还有很多地方也适用于高频，比如写作。

提升写作只有一个秘诀，就是坚持每天写。村上春树无论内心阴晴，每天坚持写 4000 字。《紫牛》的作者赛思·戈丁（Seth Godin）也是每天坚持写，每天发出来。我自己也是通过每天写作，克服了内心犹豫的问题，提升了写作速度，并且倒逼自己提高对周边和内心的敏感度。这都是日日写作的功效，也是高频的功劳。

当然，有一件事情确认不适合量少高频而适合量大低频，那就是投资，此处不表。

除了投资之外，和自我提升相关的几乎所有领域，都适用高频。重要的事情最好每天都做，因为你的一生是由你每天做的事情所定义的。

收敛的能力

Apple 总是习惯在每年的全球开发者大会（Worldwide Developers Conference，WWDC）期间发布新的 iOS 和 Mac OS 操作系统，此时开发者可以下载到测试版本。刚发布的时候测试版本的 bug 非常多，但是据我一个曾经在 Apple 工作过的朋友讲，Apple 工程师团队有一个能力，就是能快速"收敛"bug，简而言之，就是随着每个测试版本的迭代，整个系统的 bug 数量在快速减少。从曲线上看，这是一条 bug 数量快速下降的曲线，我们把这种趋势称之为收敛。

与收敛相对应，有一种过程叫"发散"，表现在曲线上就是 bug 数量随着时间推移和版本更迭不减反增。

在日常生活和工作中，发散和收敛是长期并存的两种状态。比如我们在头脑风暴讨论问题时，一般都是一个发散的过程。特别是在头脑风暴期间，要鼓励大家充分地发散，所以有一个基本原则是不许批评，即无论任何人提出任何天马行空的想法，与会的其他人都不得批评，以此来鼓励新想法的提出。

但是，在除此之外的很多时候，尤其是有截止时间，需要尽快解决问题的时候，就要强调收敛了，即在大家你一言我一语、漫无章法地讨论时，需要有人聚焦大家的注意力，集中精力讨论关键问题，并且在关键问题的解决方案上，要加以充分限制，以求统一思路，快速形成结论。

如果说在鼓励发散时，推崇的是比较民主的氛围，那么在强调收敛时，就需要强调比较集中的氛围，需要有人能挺身而出，让大家安静下来，让所有人集中精力开一个会。

这个时候，白板是很好的工具。这个挺身而出的人，需要站在白板前面，把最有潜力的几个答案和关键假设写在白板上，并且询问大家是否还有其他的想法。如果没有其他的想法，就沿着白板上的主线，抓住脉络往前推进。在强调收敛的时候，只有一个优先级，就是往前推动。不能往前推动的事情，则其本身还不是处于收敛的状态。在这个时候能挺身而出、带领大家收敛的人，需要极大的勇气和出众的领导力，当然，这也是锻炼领导力的好机会。

当然，除了集体讨论时需要收敛，我们每个人每天也需要收敛。假设你很忙，每天要开六七个会议，打十几个电话，看一百封邮件，那么当夜深人静时，你一定要能安静下来，问自己一个问题：今天做过的所有事情中，哪几件是最重要的？

在经过纷繁复杂的一天之后，如果不能安静下来问自己这个问题，那么说明你无法对一天的发散做一个了断，无法收敛。无法收敛的一天注定是混乱无章、低效疲劳的一天。这样的日子，重复得再多，也只能增加疲劳感，既无法有效地推动工作，更无法有效地提高自己的认知。

所谓的领导者，是能在大家混乱时挺身而出，带领大家收敛的人。所谓的学习者，是能在一天的忙碌之后，主动收敛的人。收敛很多时候是反人性的，需要极大的勇气和自律。但收敛的意识和能力，正是区分厉害的人和普通人的试金石。我们经常说，厉害的人是能一针见血、指出关键问题的人。这里的一针见血指的就是收敛，能在诸多的线索、可选的答案中直达要害，并且能推动大家认同自己的认知。

而你与我，正需要锻炼这种收敛能力。

第五章

多维人生，多重喜悦

希望、乐趣、意义都是奢侈品，是必须到达一个阶段我们才可以去
大胆追求的东西吗？还是说希望、乐趣和意义是我们每日生活的必
需品，我们像离不开空气和水一样离不开这些东西？

悦纳自己：这是给你的唯一恩赐

朋友，如果你此刻非常辛苦却又不快乐，那只有一个原因：你在追求一个错误的目标，你在试图追求别人定义的成功，而不是真正地去思考自己来到这世上的原因。你还没有认识到自己的独一性，以及这种独一性的价值。

我想"不务正业"一辈子

有人想在朋友圈发自己的兴趣爱好，比如登山、滑雪，但是担心同事、领导看到自己的朋友圈消息，批评自己不务正业。

其实回想一下，我在成长路上的最大收获，反而来自不务正业。比如上学的时候，我酷爱看课外书，地理、自然、历史、文学、科普等书无一不读，看的内容非常杂，也花了很多时间，幸亏父母当年没有觉得我不务正业，而我现在的知识结构，还是要感谢当年的广泛阅读。延续至今的好奇心，也与此有关。

从高中起，我就喜欢舞文弄墨，没事写点书评、影评。工作之后开始断断续续写博客、做微信公众号。我将之从一开始的不务正业，变成了自己每日的习惯，变成了一种精神寄托，真的是出乎我的意料。

工作以来，我的数次重要机会都来自不务正业。在 Motorola 期间，我因为喜欢在公司的邮件组里分享业界新闻和自己的感想，在部门重组时被老板指定做软件开发工具包（Software Development Kit，SDK）和开发者关系，专门负责公司内外的界面，这确立了我之后的工作领域。

我平时喜欢新鲜的产品，不仅在第一时间买来用，还会发表一些使用感想，甚至写一些简单的评测。后来被老板和同事认为我对产品有感觉，最近几年的工作机会也与此相关。

在当年用 C、C++ 编程时，我因为讨厌 C 语言的指针，讨厌 C++ 的烦琐，所以在一个周末的上午"不务正业"，自学了 Python，没想到这成了我唯一坚持使用的编程语言。到现在，我虽然不做工程师很多年，但是依然可以挽起袖子写点程序，这也是多亏了当初"不务正业"学习 Python。

最近几年我喜欢看 UGC 的视频，在 YouTube 上追 Casey Neistat 这样的播主。虽然还没有开始自己的自制视频之路，但是我相信这迟早也会成为令我受益终生的副业。

我还不断地在朋友圈里分享自己打游戏的截图，只是学艺不精，一个《部落冲突》还没有打完。尽管如此，我已经克服了对游戏的偏见。经过和一些"江湖大佬"讨论游戏，我深信游戏中蕴含着大量的未来机会。无论是企业培训还是学习，抑或社交，都能在游戏中找到机会。

还有投资这样的事情，也不是一般意义上的"正业"，但正是凭着自己对于投资必要性的认识，不断地花时间阅读，我也算是建立了一套自己的投资方法论，并在业余的 A 股、美股投资中取得了不错的成绩。

不仅在财务上有所收益，我从研读巴菲特、查理·芒格等人的书中，还得到了更多的启发，包括行业观察、个人择业和发展。投资书给我的启发远大于讲企业管理经营的书，而讲企业管理经营的书给我的启发又远大于讲个人发展的书。这种站在制高点往下看的方法，带给我很多突破性的想法。

我业余时间在玩无人机，这让我获得了新的视角。最近我在看《小王子》时，发现其作者竟然和《夜航西飞》的作者一样，是飞行的狂热爱好者。从他们的书中，我看到了俯瞰大地的乐趣，这也让我产生了一个想法：未来要去学飞行。

我每周至少逛街一次，每次逛街必去书店，每次去书店至少会买回三五本书。这些书种类繁多，从小说、摄影、心理学，到管理、诗歌。我不会限制自己看书的种类，只要这本书引发了我的兴趣，或者有可能解决我最近的一个困惑，我都会买回来。

在东京旅行时，我最常去的地方还是书店，在书店里，虽然文字不通，但这不妨碍我看名家的摄影集。我业余时间喜欢摄影，从摄影中我找到了自己情感的寄托。挂着相机游走在城市的街头，随手拍下转瞬即逝的感人画面，捕捉那些在忙碌生活中被我们忽视的细节，记录那些唾手可得但无人问津的生活之美。也许，这是我理想中的一种生活状态。

大约 9 年前，我第一次去台湾地区。其后台湾友人来访，我讲了自己每天半夜去敦南诚品书店的经历。台湾友人激动地对我讲："我是诚品书店的股东！"他回台湾之后，给我寄了好几本书。他说自己最喜欢的一个作家叫舒国治，这个人从来没有工作过一天。按照我们的定义，这个人属于不务正业。但是他呈现给我们很多好书：《理想的下午》《读金庸偶得》《流浪集》《台北小吃札记》《穷中谈吃》。

希望我以后有更多的时间，去更多地"不务正业"。我感兴趣的东西实在太多，但是目前的自由时间实在太少。

不知道你对于自己生活中的"不务正业"怎么看。我想特别提醒有小朋友的家长，如果自己的小朋友从小很不安分，不断地不务正业，请一定要好好保护他的这种好奇，他会感激你一辈子。

再没有什么比一辈子"不务正业"更快乐的事情了！

还有什么比快乐更重要

有一次我和几个朋友吃饭，发现他们不快乐，饭桌上充满了怨言。问他们为何不去尝试改变，得到的回答是：没有更好的选择。这并非我喜欢的状态：不喜欢且不去改变，充满无奈和负能量。

我的人生中也曾充满很多艰难的"二选一"，但是后来我找到了一个有效的办法，再也没有过分纠结过。这个办法就是"以终为始"，把眼光拉到足够远的未来，看看自己那时候的状态，如果喜欢那种状态，就坚持现在的生活，如果不喜欢那时候的状态，就立刻着手改变。

比如在职业选择上，我曾经被眼前的利益所牵绊，但后来还是靠以终为始的思考方法做出了无悔的决定。在实践以终为始的思考方法时，一定要有一个标准，知道什么对自己最重要，什么没有那么重要。这就是我一直强调的，一定要对诸多因素进行排序，这样碰到任何选择时，才不纠结。

我曾经想继续坚持过去的工作状态，但是在头脑中模拟5年后的情景时，我发现自己到那时很可能更加闷闷不乐，虽然可以预测在未来5年有不错的总收入，但是相比快乐，钱的多少最多只能排在第三位——在快乐和自我实现之后。

通过思考5年之后的状态，也通过自己对于诸多因素的排序，我就非常明确地知道自己要做什么样的选择了。

在我们的生活中，很多人（也包括我自己）都会执着地追求一些外在成功或者刺激，却忽略了自己内心的感受，以至于限于郁闷也没有觉察。

之前一个行业高管朋友找我谈心，他说自己的爱人有一天突然告诉他，发现他很久以来不快乐，和过去的快乐反差鲜明。说完这话，我们俩都陷入了沉默：我不知道该怎样劝慰他，我相信他也未必需要我给出什么答案。从那次谈话之后，我愈发意识到快乐的重要性。

我很反感鸡汤文的淳淳告诫：想成功必须做出巨大牺牲。比如每天晚上只睡4个小时，凌晨3点入睡，每周工作7天，必须接受焦虑这种常态等。按照这种理论，只要稍加推演，你会发现要想获得所谓的成功，只能放弃人性，这对自己、对朋友、对家人都非常残酷。

这个世界上的确有个别厉害的人每天只睡4个小时，但还有更多厉害的人每天得睡七八个小时；的确有个别厉害的人做到了忘记家人的状态，但是还有更多厉害的人喜欢家庭生活；的确有个别厉害的人很焦虑、不快乐，但是还有很多厉害的人整天笑口常开。只是没有媒体喜欢报道这些正常的厉害的人，貌似读者也不喜欢看正常的厉害的人。他们无法接受这些人看起来也在过和自己一样的正常生活，但他们这么成功而自己依然如此普通。

有一个朋友转发了一篇文章，告诫做自媒体运营的人要注意身体健康，因为有一些自媒体人过劳死亡，下面的评论更是惊悚，有很多自媒体人跳出来现身说法，诉说自媒体生活之痛苦。

对此我感觉很陌生，也不会有同理心，因为我觉得他们在追求错误的目标。有些读者在后台问我是否在全职做自媒体，对此我的回答是："我全职在工作，写写文字只是我的'斜杠职业'，而且我每天花在写这些文字的时间只有 30 ~ 60 分钟。"无论工作多忙，我都能找出时间写作。写作并没有让我的生活变得更痛苦，反而很多时候都让我很放松、很释然。在写作这件事上，我也没有 KPI，比如每篇文章阅读量必须达到多少，每天的新增粉丝必须达到多少，每天必须有多少打赏收入等，这些通通不是我的目标。我接纳一天涨粉 2 万，也接受一天涨粉 20 人；我接纳一篇文章收入过万，也接纳一篇文章打赏没有过百，没有收入我也会一天天写下去。

一定会有人指责我站着说话不腰疼，那是因为你并不了解我曾经焦虑痛苦的经历。当我走过那段时间之后，我知道自己最重要的事情就是要找回快乐，开开心心做自己 —— 没有什么比做自己更重要，没有什么比做自己能带给自己更多的精神和物质回报。

朋友，如果你此刻非常辛苦却又不快乐，那只有一个原因：你在追求一个错误的目标，你在试图追求别人定义的成功，而不是真正地去思考自己来到这世上的原因。你还没有认识到自己的独一性，以及这种独一性的价值。

这个世界很慌张，很多人也不快乐，但是只要你愿意慢下来，多听听自己内心的声音，你就会找到属于你自己的不可被剥夺的快乐和平静。

真正的幸福感从哪里来

我们在年轻的时候总会追求很多东西，包括金钱、职位、名利。但是后来发现，这些外部的认可很难得到，但很容易被剥夺。很多在大公司做到一定级别的人，只有平台内部的影响力，离开原先的平台，出门右转 100 米都没有人认识；或者他凭借大平台的一些市场资源，已经获得了公众的声誉，但是一旦离开大平台，大家对他的认可度一落千丈。

当你正处在追求这些难得到、易剥夺之物的道路上时，你会倍感艰辛 —— 分明已经很努力了，分明已经很小心翼翼了，但为何辛苦积累多年的东西如此脆弱、易逝？部门调整、领导换届、战略转向等各种事情都能轻而易举地影响你多年的积累。所以，这条大家都愿意走的路，才是一条真正艰辛而且前途不明朗的道路。

经历种种煎熬之后，有些人终于发现，其实真正的幸福感来源于"当下正在做的事情正是我内心想做的，并且我内心想做的事情给我带了最大的回报"。在这个顿悟而来的体系内，你最大程度依赖了自己可控的因素，而把不可控的因素对你的影响降至最小。

我们以往错误的地方在于花太多时间从外部去获取认可，期盼获得足额的回报。殊不知，我们最应该关注的是自己的内在。把我们最大的优势发挥到极致，让我们对自己的状态最满意，外界的评价也好，回报也罢，你不求自来。所谓"内圣外王"，"内圣"是因，"外王"是果。因果关系理顺后，你自然就知道该在什么地方发力了。

我因为一次意外的早睡早起，发现早晨 6：00 ~ 8：00 可以作为自己的自由时间，用于读书、冥想、写作、运动。有了这个发现之后，我之前难以解决的早睡问题也迎刃而解，每天晚上 10：30 之后我会自觉地上床休息，11：30 之前保证入睡，这样可以一觉睡到早晨 5：30 ~ 6：00。

每天有了长度可观、自主可控的时间，辅以番茄工作法，很多以前不可能做的事情也可以做了。

我特意在朋友圈同步记录了周末的工作学习情况，下面是那个周日的。

（1）7：17：随时运动效果更佳，伏案 1 小时之后，起身做了 20 个深蹲起、20 个俯卧撑，开始下一个大番茄。很难找到像周末清晨一样更适合深度学习的时间了。

（2）7：50：完成第 2 篇文章的写作，运动、吃早餐，一会儿开始第 3 个大番茄。

（3）8：00：发布"辉哥说"，简单微运动，20 个深蹲起、20 个卷腹、20 个俯卧撑、90 秒平板支撑。只需要花 5 分钟左右。休息大脑，强身健体。

（4）9：19：如何让自己平静下来？就 3 步：接纳所有已经发

生的事情，别为任何还没有发生的事情烦忧，专注于当下，提升自己解决问题的能力。

（5）9：23：谈笑间，完成今天早晨的第 3 个大番茄。截至早晨 9：21，已经码字 3 000，完成了 3 项重要任务。

早起工作、学习有一个好处，内心一开始就是平静的。而平时效率差的最根本原因是内心不静。我们平时大约有 50% 的时间花在让自己内心平静下来。其实高效的根本秘密就在于在正确的时间做正确的事。

有了这样高产的周末，对自己的满意度不高才怪。我在早晨的可控时间内，做自己内心想做的事情，而这些事情给了我精神和物质双重的回报。在这个时段之后，我又很开心地去工作，同样做自己想做的事情，而工作本身也会给我带来物质和精神的双重回报。这样的日子，是幸福的。

其实一旦进入了上面的节奏，我们所盼望的财务和精神自由并不神秘，也不遥远。甚至，在你开悟的那一天，你会突然发现：自由就在今天，自由就在脚下，与其他任何人无关。

永葆青春，从改变观念做起

一个人是否进入中年，只需要看他是否接受如下理念：我就是这样了，生活只能如此。认同这种理念的人，从心理上来说，已经告别了青年，迈入了中年。

相反，如果一个人不断地憧憬未来，不断寻求改变，不断尝试新的东西，无论他的生理年龄是多少，他始终是青年。

在所有观念中，我认为有三个观念最为重要，分别是希望、改变和影响。

我们先来看看希望，我最喜欢看的电影《肖申克的救赎》探讨的核心就是希望，一切围绕希望展开，一切又围绕希望而产生变化。重获自由的希望是维系安迪在狱中艰辛度日但毫不放弃的根本原因。安迪后来决定越狱与年轻人汤米的意外死亡有关，因为那个年轻人告诉典狱长，杀害安迪妻子的凶手另有其人。瑞德在被假释之后几乎重蹈老博斯的覆辙，打算自杀之前，突然想到安迪在狱中的暗示，从而燃起重生的希望，去海边寻找安迪，寻找希望。如果你还无法理解有关希望的观念，可以再多看几遍《肖申克的救赎》，一个人安安静静地看。

回到我们自身，我们人生的希望在哪里？我们自由的希望在哪里？我们活出自己理想境界的希望在哪里？重视希望，思考希望，把希望不断写下来，不断迭代，是我们永葆青春的关键。

再来看看改变。很多人到了 30 多岁，某天早上匆匆忙忙洗完脸，照了一下镜子，看到一张既熟悉又沧桑的面孔，想想马上要去挤 13 号线地铁，想想还有很多烦心事，忍不住问自己：我的生活本该如此吗？我有一次翻出一些旧本子，其中一个本子的扉页上写着一句话：中年人的世界本该无聊吗？看了一下字迹，的确是我的，但不知道具体是什么时间写的。有些人在 30 岁时问自己这句话，有些人在 35 岁时问自己这句话，有些人在 40 岁时问自己这句话。每当这句话在你内心腾起时，你就明确地知道：自己对目前的生活工作状态不满。

但是我打赌，99% 的人在照完镜子，发现一张既熟悉又沧桑的面孔之后，叹口气，然后继续过这种并不如意的生活。因为只要放弃这种思考，回到惯常的老路，就会工资照发，三餐照吃，每年还有几个假期，可以去去日本、韩国、欧洲、美国，享受片刻的自由。

有多少人真正意识到"我要改变，我可以改变，现在改变还来得及"？真正想到这三句话，并且不断在自己内心重复这三句话的人，不管他是多大年龄才觉醒，至少他从那一刻开始，停止向生命腐朽的无尽深渊滑去。

最后看看影响。古语说"穷则独善其身，达则兼顾天下"，但是我们从小被教育的是：顾好自己。而且长大之后，大部分人的确没有实现财务自由，终其一生也未能实现财务自由，因为他们很早就放弃了对财务自由的追求。因为他们放弃了追求财务自由，同时也习惯了鸵鸟式的生存策略，遇到危险就把头埋起来，以为这样危险就不会降临，所以忘记了"影响"这件事情。其实每个人都可以影响身边的人，你可以带给他们好的影响，也可以带给他们坏的影响。如果你不刻意的话，能影响的人只是身边的 10 来个，但是如果你稍微花一些心思，会发现自己的影响力能扩大 10 倍，比如 100 人。如果你认真思考影响力，能坚持做一些小事，比如随时记录和分享，你可能会影响到 500 人甚至 1 000 人。如果你发现影响力这件事情对你的人生至关重要，甚至和你的身价紧密绑定，代表着人生自由的希望，你就有机会影响 10 万人、100 万人甚至更多。

能否意识到影响，结果会有很大的不同。大部分人抱怨自己得到的太少，单从宏观角度看，是他付出的太少，影响面太窄。如果重新梳理因果关系，把提升自己影响力作为追求的根本，那么回报本身反而变得简单，就是兑现比例和兑现周期的问题。

如果你愿意在纸上或是电脑上写下自己心中对于希望、改变和影响这三个观念的认知，并且在今后的生活中不断去刷新这三个认知，不断在生活工作中去实践这三个认知，那么你的人生将会有很大的不同。

你有很大的希望一直活在年轻的状态下，直到 80 岁。

多维人生：你的人生有更多种可能

我拿自己和 GAI 爷的照片调侃自己，说人生可以有两面：嘻哈和工作。我们积极努力地工作，就有可能超越工作，追寻自己生命的意义。只有这样，才可以不顾一切地投入去做，单纯地去做，不功利地去做。也只有这样，才能体会到纯粹的快乐。

人生可以有两面

之前有一个同事约我吃饭，我说择日不如撞日，不如就当天中午，于是我们中午在茶餐厅聚餐，聊起上次见面聊天，还是一年多前。彼时，她想离开公司，因此我们有了一次非常高质量的交流。我在那次交流过程中，想到了"平行人生"，想到了我们应该有一个独立于工作的独属于自我的世界。在这个世界里，我们能找到平和与归属感。

其后，她没有离开，而是在公司内接了一个不错的业务。我们这次又进行了一次天马行空的交流，谈到工作中的槽点，谈到业务的可能发展方向，谈到一些有趣的创意，也谈到上次提及的平行人生。她说自己在那次谈话之后，很长一段时间都忙于工作而没有去关注平行人生，最近工作有点烦，深感有必要重视这件事情，重视自己真正的自由。

而我在那次交流之后，继续加强对这方面的思考，并且明确了为什么每个人需要三份收入。从那之后到现在，一年有余，我的工作也有调整，从比较忙到非常忙，但对于平行人生的坚持一直没有放弃。

比如每天早晨起来，运动 10 分钟。从我坚持一年的结果看，无论是体型、肌肉还是精神，都有非常明显的改善。

又如坚持每天写作，和每日早晨的 10 分钟健身一样，对我的内心产生了非常积极的影响，让我又获得了更多的自由，一种我可以坚持做自己想做的事情而不受任何干扰的自由。这种感觉很微妙，但也很美好，它能让你每日所经受的各种辛苦都变得不那么沉重。

我在经历一些很崩溃的事情的时候，还能心平气和地处理，并且最终都有非常好的结果，和最近几年的心理逐渐强大有极大的关系。我可以接纳一切突如其来的坏消息，可以心平气和地处理很多矛盾，也会抓住三五分钟间歇，忘掉一切的压力和烦恼，去冥想或者听音乐。这也是一种内心自由的状态。

某天下午 6：09，我收到知乎推送的一个消息，说我的知乎 Live "如何找到自己的真正优势？" 在 8 月的收入又一次入账。一次无心插柳的知乎 Live，居然在其后的半年多时间给我带来总计 3

万元收入，相当于 3 个顶配的 iPhone X！真的是意外收入，虽然不多，但也足够惊喜。

所以，你一定要找到自己的优势，找到自己最强的那一点，去加强它、放大它。你需要做到让大家一想到某件事情就能想起你。这种优势是超越公司和工作的。我们的每一天都是为了寻找和加强这种优势而存在。这样的优势，能让你明白自己在脱离公司之后的真正价值。

我坚持每天看似无意义的清晨 10 分钟运动，坚持每天看似无意义的原创写作，都是为了不断地提醒自己：

人生可以有两面！

人生必须有两面！

留心方能感悟人生意义

很多人已经被现代生活所驯服，习惯于两点一线的工作和周末休息。怎样才能在这样的 7 天一个轮回的生活中不断地找到乐趣？比如，怎样才能把周末过得更有趣？

春天、初夏和入秋这几个时段，我喜欢开车去郊外，哪怕什么也不干，就是开车在山里跑一圈，没有固定的路线，走到哪里算哪里，一天经常会开 300 千米路程，到家之后很是心满意足。

入冬之后去郊区的时间很少，大部分时间在市区，周末默认会去离家比较近、有空间感的颐堤港商场。我喜欢那里是因为那里的建筑中有足够的"留白空间"，不像很多商场过于追求坪效，把空间塞得满满的。但是如果每个周末都去颐堤港，则多少有一些重复。于是我间或去三里屯，因为那里有大量的户外空间，年轻人更多，更加有活力。

前不久我去了侨福芳草地，那里是北京首屈一指的异度空间，占据最大面积的是自顶向下的天井，一座室内的桥梁横跨在天井之间，如果在北京选一家最有未来感的商场，芳草地一定是首选。你甚至可以在这里选景拍摄有关未来的科幻电影。除了建筑本身之外，这里的艺术氛围也很浓，遍布很多现代雕塑，经常有各种艺术展。还有一家规模适中、人气很足的中信书店。

去了那里，我生出一些满足感，而不是过去几周的重复感。这可能就是艺术元素能带给人的慰藉。

我对于生活的趣味性要求很高，也在不断追寻生活的意义。我所见的趣味也很多，包括随手拍照、录短视频、写作等。但是，我也会不时地感受到生活中无趣味和缺乏意义的地方。感受趣味与感受乏味，这两个看似矛盾的东西，其实是对立统一的。这就像一个越能感受美的人，越会对丑极度敏感。这可能是我对于生活的趣味和意义感受度太高所致，不知你是否有过类似的感受？

某天得空时我在家看了电影《77天》，我很早就知道这部电影的原型故事：一个大侠独自一人，推着自行车，用77天穿越羌塘无人区。我看了杨柳松的原始帖子，毫无疑问，他是这个时代我们身边的探险家。

这部电影让我想起了 *Into the Wild*（《荒野生存》），其实二者都是根据真实故事改编的电影，探讨人、社会和自然的关系。两部电影的主人公命运各异，但他们都不断地提到有关自由、人生意义的话题。

我们是否也要通过独行冒险的方式去探索人生意义，找到人生的乐趣？我们都不能回避这个话题，因为迟早有一天我们会问自己：我为什么活着？生活的乐趣在哪里？生命的意义何在？

亲人、同事的死亡事件，让我突然近距离感受到死亡。我们每个人迟早都会面对那一天，或者在漫长而孤独的等待中慢慢死去，或者在一次偶然的事件中瞬间告别世界，也或许会在我们所不期望的病痛中离世。这世界上从来没有喜丧或者悲丧，有的只是无可回避的告别。

那么，在每个人告别世界之前的这段时间内，如何找到自己生命的意义，按照自己想要的方式去生活，去尽量有趣，而不是彻底地向命运臣服？

我的一个朋友告诉我，她提醒自己的每个同学都要在体检时做癌症筛查，因为有两个同学居然在体检中发现患有癌症，并且都是晚期。我联想到最近另一个亲人濒危涉险的状况，不由得感叹生命之偶然和脆弱。

即使会碰上这种偶然，我们还是在做一些其实本不愿意做的事情，以自己并不喜欢的方式生活。比如，我最近听到身边两三个人都是本来要换工作或者休息一下，但是因为沉重的房贷负担而不得不在自己并不喜欢的工作岗位上继续坚持着。我之前提到的理想——站着挣钱，对于大多数人而言太过遥远，压垮他们脊梁的并非房子，而是过高的欲望。

我计划以后要写更多的故事，而不是讲更多的道理。因为故事能流传得更久远。但是写故事或者小说并非易事，你需要有很强的感受力，还需要很多的素材。怎样积累素材？是等到真正实现财务自由那一天再去积累，还是从现在开始积累？

我的答案是从现在开始积累，因为绝大多数人无法等到真正实现财务自由的那一天就会衰老，并非因为他们不努力，而是因为他们的欲望增长得更快。我不是圣人，也不能免俗，所以能做的就是在当下的生活中去寻找意义，而不是等到虚无缥缈的"那一天"。

为什么要写故事，写小说？因为这是探讨生活乐趣和生命价值的最有效的方式之一。我们不仅能去挖掘自己的生活，更能把一些线索与更多的人分享。这是一种真正的快乐。

为了在两点一线的生活中积累素材，我注册了顺风车司机。以往我对此是拒绝的，因为通过顺风车去赚钱是得不偿失的，我个人的时间比之要宝贵很多。哪怕绕路 10 分钟都是无法承受的损失。但是，自从我想去找一些不一样的人来聊天，听不同的人讲自己的故事时，我就决定要做一个顺风车司机。

某个周五我第一天"上岗"就顺利拉到两个还不错的"同路人"，两人皆为我的同事。一个在做公司的视频业务，另一个居然在下车时认出我是她 10 年前的同事。晚上聚餐后又点开 App，看周围人的去向，看到一个名叫"薛定谔的猫"的，居然是编剧，肯定是一个挺有意思的人，我差一点就点单去接她了。当然，我还是想早点回家，再加上碰到了大望路的拥堵，所以只是记住了这个名字。

晚上 10 点半我从 SOHO 现代城出来，往东准备过了路口上四环，结果在大望路路口被堵了 20 分钟！原来是那会儿下班回通州的上班族在那个路口拦私家车回家。

希望、乐趣、意义都是奢侈品，是必须到达一个阶段我们才可以去大胆追求的东西吗？还是说希望、乐趣和意义是我们每日生活的必需品，我们像离不开空气和水一样离不开这些东西？

我更希望它们是后者，是必需品，我们现在就得要，而不是奢侈品，只能先想想。当然，很多人会说：你看看我现在也没有太多的希望，也不追求乐趣，也不过问意义，我不是照样活得好好的？

但是，你有没有发现，你在都市人的脸上，很难看到非常灿烂的笑容，我指的不是一般的笑容，是一种透彻的、开怀的、毫无顾忌的笑容。不信你环顾一下周围，或者看一下电视新闻，看一下那些正在开会的人，你看到的更多的是严肃、紧张，而非开怀大笑。我们也会看到一些格式化的微笑，比如上飞机的时候，但你看不到真正特别开心的人。

有一次我去外地开会几天，我同事突然对我说："辉哥，好久没见你这样大笑过了。"从那一天开始，我才仔细地去关注周围面孔的表情，包括我自己的。我发现的确如此，我们做了很多事情，但是对自己的笑关注甚少。

我奶奶故去时，享年超过 80 岁，她一辈子并未走出过她所在的那座城市，甚至人生的大部分时间都在关中的一个小村庄里度过。她走得时候很安静，家人称之为喜丧。后事办得很隆重，全村的人都站在一起，忙忙碌碌。

她在临终前的最后一年，无法认出任何人，包括我的父亲。

我们所在的地方与诸葛亮很有渊源，有他的衣冠冢和古战场。还有一个乡叫落星坡，据传诸葛亮逝去的那一夜，天上掉落一颗星星。

所以，其实我们自古以来就在寻找生命的意义。

但是，我们的文化中，对于责任、意义强调过多，对于乐趣过于忽视，甚至特别推崇"存天理去人欲"。这造成了很多人工作很努力甚至是拼命，但是快乐不足，过于沉重。

当然，说过"存天理去人欲"的那个人同时又说过"人欲即天理"，这说明他的内心也是矛盾的。

所以，总会有人跳出来，去打破常规，试图寻找更多的乐趣，包括徒步羌塘无人区的诸位大侠，也包括我的几个同事。

有一对年轻的伴侣，辞职去全球旅行，我追了他们的微信号很久，微信号中途有一段时间断更，我还以为他们遇到了麻烦。后来复更之后，我才发现他们又回北京了，继续寻找工作。

还有一个女孩，骑着摩托满世界地跑，前段时间她回国的时候，我们还约在公司食堂吃了一顿饭。说起了我们为何要相见，大家的共识是彼此都不安分。我和她探讨了一个问题：人是否可以一辈子旅行？结论是"没有结论"。爱上自然的人心无法回来，但是生活不免还要继续。所以最近看到回到城市的她，又陷入了各种心烦意乱中。

当然，在追求自由生活的道路上，种种心烦意乱都是正常的，心如止水才是死水微澜的标志。为了追求自由、乐趣和最终的意义，我们必须承受更多的内心波澜。

以上就是我随心想到的心事，没有逻辑，没有结论，就像一池子水，从山上流下，碰到石头自然分叉。

流到哪里去？也许终归进大海，但在进入大海之前，我希望看到更多不同的景色。

人生不过 3 万天，读这本书的人中绝大部分已过了 1 万天，也有不少人接近中位数，让我们花一天时间来想想生命本身。

要留心，才看得见。

人生如同一部电影

我眼前闪现出一段段的画面，像一部电影，蒙太奇般地切换镜头。然后我醒了，第一个念头是：我们的人生其实就是一部电影，现实是记录片，梦境是幻想剧，而我们每一天都在写自己的剧本。为什么会产生这样的想法呢？我想这与我看的传记电影《一呼一吸》有关，这部电影根据真实的故事改编而来。

电影讲的是一个英国男子在盛年之时，突然得了脊髓灰质炎，脖子以下部分全部瘫痪，连呼吸也需要依赖呼吸机。所有类似他这样的病人，都在医院的 ICU 病房等死，他也打算做出类似选择。但他的妻子不放弃，他也重燃起对生活的向往。他的妻子与朋友们策划了一起"越狱"，从医院 ICU 病房返回家中。院长在他们临行前试图阻止，未果之后撂下一句狠话："不出两周，他就会死。"

但没想到的是，他回家后活得很开心。起初他只能躺在室内和妻子聊天、看报、幻想。后来他与科学家朋友共同发明了一个带呼吸机的轮椅，轮椅上的电池可以驱动呼吸机数小时，从此他可以到室外去，享受阳光和风。

他们还改造了一辆小巴，他可以去更远的地方，可以去海边，甚至去西班牙。他的医生朋友希望把他们的故事带给更多的病人，他们去德国参加一个重残病人医疗讨论会，看到所谓最先进的医疗不过是把重残病人放在罐子里维持生命，苟延残喘。而他作为唯一的重残病人突然出现在会场，呼吁所有的医生回到医院，把自己的病人释放出来，让他们"堂堂正正地活"，而不是在精心设计的罐子里等死。

十几年后，他因为常年使用呼吸机而引起并发症，决定有尊严地离开世界。他向这个世界告别时像一个尊贵的国王。很多朋友在与他告别时感谢他对自己生活态度的改变，因为目睹一位被剥夺了几乎所有行动自由的人，依然如此有尊严、有理想、有质量地活着，大家在生活中碰到的那些事都不值一提。

他是医学的奇迹，是全球重度脊髓灰质炎患者中存活最久的病人。他的孩子最终作为电影制片人把他与妻子的爱情故事和生命奇迹搬上荧屏。而他与朋友发明的带呼吸机的轮椅，彻底改善了重度瘫痪病人的生活质量。

他的经历注定是极小概率的，但是由此联想到我们自己的生活，在拥有几乎一切的情况下，是否有机会更有尊严，更有理想，更有质量？答案肯定是"Yes"，问题是如何做到这一点？

我和爱人经常会谈起我们之前养的那只小狗妞妞，我们会谈起它在小区迷路的经历，谈起它躺在我们耳边打呼放屁吵醒我们的经历，谈起它在野外不肯回家的经历。这些画面有时会突然闪现在我们面前，我们缓慢地谈论当时的情景，内心充满了温馨。

旅行的画面也会经常浮现在我眼前，宏村的月沼，南屏的迷巷，代官山的小路，长白山沿途的红叶，阿尔山森林中漫天飘舞的雪花……人生就像是一部电影，其中充满了这样温馨浪漫的画面。

偶尔我也会想起自己曾经历的那些困难，比如焦虑突然爆发，被迫停车在路边等待救援。但有趣的是，这些画面很少出现在我眼前，即使出现也没有太多细节。人生像是一个乐观的过滤器，把快乐的细节留下，把痛苦的细节过滤掉，以至于我们在回想痛苦时无法想到与快乐同样丰富的细节。

iPhone 的 iCloud 有一个功能，能把你过往某段时间的照片和视频自动组合成一个小视频，并配上音乐，自动推送给你。我在某次开会前突然看到"你有一段回忆"的通知消息，点开之后我看到了2016 年的一段故事，顿时内心充满了感激之情。

人之所以为人，是因为人会讲故事，能把自己生活的画面用文字、图像、视频记录下来。再经过不断的加工将之变成一段回忆留在脑海中。如果你希望把自己的故事分享出来给更多的人看，那么你可能会变成一个文学家、艺术家。即使作品不够出色、观众不多，但仅仅是我们自己、我们的家人看看，就已经非常有价值了。

我有一个前同事，平时表达不多，但是他告诉我，他每年都要把自己上一年的照片、视频进行收集整理，剪辑成一个视频。这样每一年过去，他们家都多了一段回忆。单张看都是很普通的照片，但是连在一起，配上文字和音乐，就有了仪式感，让人能感受到其中满满的温馨和幸福。

我经常告诉身边的人，仅仅是记录就有价值，每天随手拍照，随手录像，随手把自己的只言片语用文字记录下来。这些记录在当时看来意义很小甚至可以随时删掉，但是坚持一段时间之后回头看，会发现极有价值。我们每个人在这世上只有一次生命，但大部分人（包括我自己）大部分时间在荒废自己的人生。这并非指责我们没有投身于更加伟大的事业，而是说我们对自己每天的生活熟视无睹，就在忙忙碌碌和觥筹交错中让自己的日子一天天过去，留不下太多记录。当我们回顾自己平凡的一生时，只剩下模糊的印记，而缺少生动的情景。

或许技术可以发达到把这些视频、照片自动组合并编辑成我们人生的一段段短片，但技术并不能代替我们做记录。唯有我们自己，知道何时是重要的时刻，何时会永远留在记忆里。我们需要拿起笔，拿起相机，拿起录音笔，随时记录生活。

在写上述文字时，我的大脑中不断闪现出各种画面，思路也像自由的蒙太奇，把很多看似松散，其实相关的画面与概念联系到一起。通过写这段文字，我知道自己从今天开始要更加主动积极地记录自己的生活，并且要不断地想办法去注释这些照片和视频，使之能在以后的"电影编辑"时更加方便，更容易查找。

我鼓励你也记录下自己的每一天，记录下自己的经历和幻想，用各种方式。随着记录的进行，你生活的意义也会自然闪现在你面前，就像我今早在顿悟中醒来一样。而我们每一天，都在写自己人生的剧本。

第六章

辉友问答

木心曾经说过"希望出现希望"，从你的故事中，我看到了希望。

生命不息，折腾不止

这也是我想对你说的话：

去折腾吧！如果眼前的生活一眼能看到尽头，你还能损失啥？

特立独行的底气

辉友1：

我大学毕业后进入一家知名地产公司。然而工作仅1年，就明白未来如果想在职场中"混得好"，绝不能仅靠专业能力，更多的是要会应酬、会说话、会表现……这些在职场中待过的人应该都懂。

那一年的痛苦和思考，让我走上了价值投资的路，至今已6年。初期为了积累本金，工作收入能存下80%。滚了几年雪球后，现在我每年的投资收益已是工作收入的2～3倍。我目前依然身处职场，也依然会面对那些不合理的人情世故和职场文化。至少在这样的环境中，我无需去改变自己来迎合环境，我能保持独立精神和自由思想，也终有一天能远离。

那些让你痛苦的事，其实都是助你思考和前进的动力。

从你的故事中，我看到了我希望年轻人应有的希望。我经常听身边的朋友、同事等抱怨工作，每次说到气头上，看起来恨不得马上就要离职，大有"此处不留爷，自有留爷处"的气概。但是没过几天，再次见面时，发现对方依然老老实实地在原地待着，除了牢骚，并没有其他更多的变化。

这种情况见多了，我就不免开始思考：到底为何会出现这种情况？明明心怀各种不满，但除了嘴上发泄，实际上没有任何动静。为什么？后来我终于想清楚了，这些朋友正是"为五斗米而折腰"。虽然他们对于目前的工作、职位、工资、老板有诸多不满，但是一时半会也找不到比当下更好的工作，所以只好在原地待着，一边不满，一边无奈。

如果这些朋友能多一项独立的收入来源，无论是来自兴趣，还是来自投资理财，上述情况就会发生根本性的改变。

没有人不在意自由，但是只有少数的人才有资格享有自由。这种资格以有多份收入为前提。如果你只有工资一项收入，无论这项收入有多高，也是不自由的。这是很多职场精英、公司高管缺少独立意志的根本原因。所以，在你追求职业发展的同时，一定不要忘记给自己的人生多找一个支柱。这个支柱可以不炫目，但是要足以支撑你保持独立的精神、自由地思考和表达的权力。

很多朋友搞不懂为什么我会同时提及探索财务自由与精神自由

之路这两种自由。在我看来，财务自由和精神自由相互依存，互相影响。我们无法独立追求一种自由而忽视另外一种。相反，只有在同时重视这两种自由的前提下，我们才能实现最终的目标。

为了获得精神的自由，我们必须有一定的财务基础。没有财务基础，在单一收入来源的前提下谈精神自由，无疑是痴人说梦。为了获得最终的财务自由，我们又必须时刻保持精神的自由，保持独立而深刻的思考。这样我们才能摆脱群体盲性，找到隐秘的致富之路，而不是成为别人随时可以收割的"韭菜"。

木心曾经说过"希望出现希望"，从你的故事中，我看到了希望，我也知道，这种希望源于你内心的希望。希望同样的希望能出现在每个年轻人心中。

祝好。

"乖娃娃"最痛苦

辉友 2：

小时候我就是家里、街坊邻居眼里的乖娃娃，是老师、同学眼中的好学生。太长时间做别人眼中的样子，以别人的眼光作为标准，慢慢地忘了思考自己想要什么，如何建立自己的人生标准。因此我常常会迷茫和焦虑。

辉友 3：

我从小就是所谓的乖孩子，现在早已找不到自己。每做一个选择考虑的不是自己，而是琢磨别人会怎么看。我目前大三在读，时常会陷入对人生的困惑和迷茫，不知道何时才能摆脱这种状态。

我回复道："乖娃娃长大以后最痛苦。"

看起来我们身边的"乖娃娃"不少，长大之后痛苦的"乖娃娃"也不少。这里就来谈谈为什么乖娃娃这么多，乖娃娃长大之后为什么这么痛苦，又应如何找到出路。

从我自己谈起，我小时候就是典型的"乖娃娃"，听父母的话，学习努力，每门功课都在争取考第一，各种才艺比赛如书法和绘画等也参加了很多。

上大学后我第一次离开家乡，毕业后更是跑到远离家乡的深圳，后来又来了北京。过去太乖、太听父母的话，一旦被放出了笼子，就想远走高飞。

后来人生中重大的选择，我基本上都是坚持己见，比如找工作、换工作、投资理财等。母亲有很多年都不理解：为什么一个原本很乖的小孩，长大之后却充满了叛逆，这样地一意孤行。

最后时间证明那些我坚持的选择大多数是对的，所以，当现在我需要做类似决定时，父母会选择尊重我的意见。

从听话的乖娃娃，到叛逆地远走高飞，再到互相理解和尊重，这个过程经历了20多年，非常漫长。

我们小时候为什么这么乖？因为我们在一个"乖就好"的环境中长大。在我们的童年，"听话"是一个被嘉奖的美德。我们会因为乖而得到父母的疼爱、亲朋的赞许和老师的表扬。与此相反，那些"刺头"都成了大家眼中的问题少年。这种驯养模式造就了当年大多数小孩以乖为荣的心态。

当青春期开始叛逆，当我们有越来越多的自我态度时，又会有很多人告诉你：不听老人言，吃亏在眼前。工作前，我们在经济上需要依靠家里，这也是无法在精神上独立的一个原因。

等到了现在的年纪，我越发理解父母的不易。作为 20 世纪 50 年代出生的人，在他们的童年和青年时代，过分地有个性是危险的信号。而随大流、不出头则是保平安的法宝。我是他们唯一的小孩，他们自然希望我能平平安安，而不是冒着风险出人头地。所以，"乖"成了他们的口头禅 —— 因为乖就意味着平安。

我上大学是 1996 年，那一年刚好结束统招统分，大学学费涨了很多，毕业之后国家也不包分配。当我毕业拿到华为的 offer，我母亲听说我加入了一家在当时并不出名的民营公司时，非常生气。当我开始工作，当他们逐步开始了解华为时，我又选择跳槽去了北京一家更不出名的小公司，他们同样是不理解、不放心，还怕我受骗，怕我受累。

过了好几年，换了几份工作之后，他们逐步接受：目前年轻人所面临的社会与他们当年的不同。他们都是在一家单位待到退休，而我们平均 3 ～ 4 年就会做一次调整。他们思想中的稳定工作和稳定生活永远地消失了。

我们这些在乖的氛围中长大的小孩，虽然上学时是好孩子，但是走入这个快速变化的社会之后就会陷入很多痛苦和矛盾中。这体现在以下几方面。

（1）工作上魄力不够。"乖小孩"很难有创业的魄力，工作十几年后环顾身边，创业的、做老板的多是当年大学里的"坏小孩""刺头"，而乖乖读书的一般都在老老实实地打工。

（2）做事患得患失。"乖小孩"往往患得患失，他们喜欢求一个最优的结果。但是事实是，当他左思右想好不容易想清楚时，一个原本不错的机会已经变成平庸的机会了。

（3）太在意其他人的意见。即使在长大之后，他们依然想做一个乖的大小孩，做事总是在意他人的意见，无法开开心心、坦诚地做自己。小到发个朋友圈，都怕人指指点点，到最后干脆啥也不发了。

以上几方面会给"乖小孩"带来极大的困扰，因为他们要忍受工作上的平庸，不敢承受任何风险，做事时谨小慎微，到最后，很可能会依附于一个自己并没有那么喜欢的工作，只为了安全地养家糊口，而无法面对自己真正的兴趣。

不仅如此，有越来越多的"乖小孩"已经开始成为父母，他们虽然不满意自己的现状，但是在教育下一代时，依然用"要乖"这样的方式。他们在继续传递自己的不快乐，明明不喜欢但缺少改变的勇气。

如果说"乖小孩"长大之后会很痛苦，那么明知有问题，但是无法改变是痛苦的根源。

有什么办法可以解决？我这里有几个简单的方法供你参考。

（1）地理上保持距离。成年之后还在父母的生活半径里生活、工作，甚至同住在一个屋檐下，是很难改变"乖小孩"的命运的。有人说父母养老怎么办？待你足够成熟时，再考虑这件事情。你和父母都用一段独立生活的时间培养独立生活的能力，促使心智成熟，这是一个很好的策略。

（2）重大决定自己做。有人问，怎样能做到这一点？我的答案很简单，就是去做，并且为自己的一切决定负全责。独立的勇气只有通过独立的决定和独立的行为才能培养出来。

（3）和父母保持沟通，但不要事事请示。及时告诉父母你的决定和你的状况，你们彼此会有一段痛苦的时光：争吵、互相不理解、冷战等，这些都很正常。这是成长的必然途径，哪有蜕变不痛苦的？

（4）不要伸手要钱。我在毕业之后，除了拿了家里 2 000 元路费，之后再没有找父母伸过手。很多人站不直的原因在于找父母伸手，尤其是在一些大的支出上。以前的财务课老师告诉我们：让父母帮自己买房就是让父母在你的小家庭里深度入股。父母是大股东甚至是董事长，你怎么可能不听话呢？

心智成熟之路是一条少有人走的路，但一旦走上这条路，你会感觉很踏实。当日渐苍老的父母有一天需要你的肩膀时，你既有勇气又有实力，这才是我们要追求的。

祝你真正长大，摘掉"乖小孩"的头箍。你必须改变，你不变，你的小孩会重复你的老路。

停止对自己的苛责

辉友 4：

受您影响，我从今年开始也在尝试坚持连续码字，至今坚持了60 天，没有觉得这是一项任务，也不觉得痛苦。但是写到第 60 天的时候，我突然觉得这没有什么意义，也丝毫没有成就感，每天就是写一些感触或者碎碎念或者推荐我喜欢的一些书和音乐剧，没任何价值可言。之前我想着就确定一个主题纵向延伸写下去，可后来也没想好写什么主题。于是一直这么乱七八糟地码着字，现在自己都不忍心看了，也不想茶毒关注我的小伙伴。我应该怎么办呢？您对此有什么看法和建议吗？

我来和你分享一下我的故事：我于 2015 年年初开始写公众号文章，开始计划写股票和投资的话题，在当年 5 月股市泡沫破灭之后，众人散去，我也失去了写作的动力，于是停了很久。

在 2016 年 9 月的时候，我突然意识到，写作可能是我人生救赎和解放的必由之路，于是打算重启写作。第一篇重启之作写得异常痛苦，前后写了三四天。期间思路总是改变，行文也不流畅。等到完成之后，怎么也不想发出去，因为觉得很差，不能见人。几经波折，最后终于决定发出去，没想到这篇文章后来被上百个微信公众号转载，给我带来了 5 000 多新增粉丝。这篇文章的题目叫"人生的要务：提高自己的思维层次"。

从这件事情中我得到了启发：很多时候我们看待自己时充满了苛责。我们称之为谦虚，但我认为大多时候，这是一种自我伤害。

具体到写作上，我在 2017 年立誓"连续写作 100 天"时，感触最深的不是写出了惊天之作，而是靠逼自己每天写文章而极大程度上降低了这种苛责。我经常拖着疲惫的身体回到家里，时间已经是夜里 10 点甚至 11 点，但还需要完成当天的写作任务。怎么办？于是我随便选一个主题，硬着头皮写，而且是限定时间，比如倒计时 20 分钟写。在这种条件下，自我苛责和怀疑的情绪会靠边站。

很多时候，写完之后我也不满意，但是到了时间必须发，那就硬着头皮发。结果没想到，很多自己看不上的作品，却引起了大家的强烈反应。这让我明白一件事情：别人看待我们的作品和我们自己看待自己作品的感受是不同的。

我们比任何人都清楚自己文章的问题，但是你的读者是宽容的，一旦你的只言片语给他们启发，他们就会点赞、喝彩、分享和打赏。不止一次有读者留言告诉我："辉哥，你不知道你的一些话对我们有多大的启发。"我无法变成他人，自然无法真切地体会这种感觉。但是这样的反馈多了，我便逐步认可了自我的价值。

能坚持写作 60 天的人，千里挑一。尽管文章的读者可能不多，尽管写作的主题可能还比较局限，但这是非常好的开始。这个开始甚至超越了我在 2017 年 8 月开始连续 100 天写作前的状态。

有人问我为何要坚持写作，为何劝大家坚持写作？我想道理很简单，我们的每一天都是转瞬即逝，而且生命中只此一天，不会再有。写作是一种很好的记录方式，哪怕是最差的流水账，记录每天发生的事情、每天的胡思乱想，都是有价值的—— 如果你把时间纬度拉到 10 年、20 年甚至更长的长度。

在此分享一个人的胡言乱语，看看你写的是否比他更糟糕。

现在一天大部分时间，都在无聊地上班。倘若不记，这一天也实在没有什么可记，记起来又觉得很单调，真没办法。还是记罢。

……

这几天心绪坏极了——人生反正不过这么一回事，只有苦痛，苦痛。到头也是无所谓。说我悲观厌世吗？我却还愿意活下去，什么原因呢？不明了。

……

我讨厌一切人，人们都这样平凡。我讨厌自己，因为自己更平凡。

……

想写的文章很多，不但很多，而且太多，结果一篇也写不出来。《黄昏》想了一个头，没能写下去。

……

生活太刻板了，一写日记，总觉着没有什么东西可写。我现在的生活的确有点刻板，而且也单调，早晨读书，晚上读书，一点的变化就是在书的不同上，然而这变化又多么难称得上变化呢。

……

上面这些文字摘自一本叫《清华园日记》的书，它的作者叫季羡林，是著名的国学大师。

他最终认识到这本日记的价值后说："我常想，日记是最具体的生命痕迹的记录。以后看起来，不但可以在里面找到以前的我的真面目，而且也可以发现我之所以成了现在的我的原因——就因为这点简单的理由，我把以前偶尔冲动而记的日记保留起来，同时后悔为什么不坚持下来；我又把日记复活了，希望一直到我非停止记不行的时候。"

如果你不知道写什么，就写自己每天的胡思乱想吧。如果烦恼，就写烦恼；如果痛苦，就写痛苦；如果快乐，就写快乐；如果实在写不下去，就写"今日无话可说"。但最重要的是坚持写下去。不要担心一开始没有读者，最起码，三四十年后的你会成为这些文字最忠实的读者。并且，如果你能把自己的平凡和烦扰写得越来越生动，生活中像你一样平凡和为烦扰所困的人一定会在你的文字中找到共鸣，这些人是如此之多，包括我。

即使只有少数人成为季羡林、村上春树，但这又何妨？写作，是我到目前为止发现的唯一能让我们卸下所有伪装，放下所有外在压力，直接面对真实的自己的方法。

写下去，无论如何。

努力的目标并非超越他人，而是让自己无悔

辉友 5：

我听"改变自己"语音也有一年多了，从上学起我就算是班里最努力的学生，可是成绩也只是中上等，高考因为填报志愿时扎堆，我只上了个三本大学。工作以后，我认为自己也比周围人更努力。我有个很好的朋友，我告诉她我听"改变自己"语音学到了很多东西，而她认为还不如花钱去吃一顿，即使这样，她还是领着很不错的薪水，而我每天写作、运动、定期反思、做笔记、听语音、学理财等，换了几份工作还只是拿只有她一半的薪水。

我特别想问您，是我努力程度不够，还是还没有沉淀到一定时候？是方法不对，还是我们这座小城市根本就不应该妄想改变什么？我觉得自己很没有信心，很傻，好像一直只是白白努力而已。

希望能得到您的一点点指导，谢谢。

我记得很多人讨论过这个话题，我在这里说说我自己的想法，主要围绕人生的自由与不自由展开。

我们都长了一双眼睛，天生喜欢比较，而且只会看那些比自己好的人，尤其是那些和自己背景相似，但是当下结果迥异的人。

我自己也是这样，这么多年来，我听过很多同学、同事成功的例子。比如我一个老同事告诉过我两个例子，主人公都是来自五六年前项目组里的年轻人。一个人创业项目小有成功，几乎实现财务自由；另一个人几年前听了媳妇的话，买了一些理财产品，在理财产品大涨的行情中，也达到了财务自由的水准。当年在 Motorola 项目组里的年轻人，也有若干创业成功的，要么闷声挣大钱，要么被其他公司并购，拿到大笔股票，后来在其母公司 IPO 后也实现了财务自由。

我无法把我这些年听到的例子一一给你列举，只是想说明：类似这样背景与你类似，甚至起点不如你的人，他们的成功与否和你没有任何关系。如果说他们取得了一些成绩，那得多谢他们当年愿意去冒险、愿意去折腾，也可能和他们的人际关系相关。当然，也有一些人令你稍微欣慰些，比如那些出去折腾但没有成功的人。他们可能在某天悄悄地重新加入公司，更加低调地挣奶粉钱。不过你也没有权力去嘲笑或鄙视这些人。

在每个人的路上，能走多远、达到什么样的高度，与他的家庭、机遇、运气都有关系，他的努力自然不可或缺，但是你得看到，有很多付出了同样的努力甚至是更多努力的人，到最后还是一文不名。

在以上事实基础上，我们为什么还要努力？就像你这么努力，还不如你身边那个不那么努力的朋友，尤其工资只是人家的一半。这是不是令人很灰心？

我的答案是：并非如此。比如我自己，我的身体素质天生很一般，甚至很差，从小体育总是处于及格线的边缘。但是这两年坚持健身，让我远比一般中年男子的身材更标准。而且拜运动习惯所赐，在很多比拼体力的地方，我也能感受到运动的好处。我不去和运动员比成绩，也不会嘲笑同龄人的大肚腩，但我知道自己坚持跑步的原因，这并非任何外界的因素。

还有投资理财方面，我最初的理财手段就是攒钱，开始投资的时候，也是谨慎有余而进取精神不足。但这种稳健的习惯反而让我避开了最初投资的冲动，避开了很多陷阱，能首先保住本金。在此基础上，我花了大量的时间学习投资书籍，这些阅读在最初的10来年时间没有任何回报，我最近3年才体会到其中的好处。这算不算一种迟到的但终究到来了的回报？

虽然我坚持运动、学习投资方面的努力最终获得了丰厚的回报，远超同龄人或其他同样背景的人的成绩，但是我之所以做这些努力并非要超过别人，而是为了让自己的身体变得轻盈或单纯地满足好奇心。

换言之，我们其实无需和任何人比，只要充分地满足自己的好奇心，钻得足够深，坚持得足够长久，相信得足够坚定，我们就一定能比不付出的自己收获更多。或许有一天你回头看，你原本不服气的那些人已经在你的身后。或者，他们依然在你的前方怡然自得。但，这一切还会引起你内心的波澜吗？

真正的好友无需刻意联系

我想和您探讨一个问题：朋友关系在生活中的重要性。我在半小时前刚发了一条画画的朋友圈，在等着点赞的过程中看到不少朋友圈的内容是聚会，不是吃喝，而是和朋友亲昵的合照。我开始问自己：你有朋友吗？答案是：有，但是时间不长。我今年 22 岁，过去的几年，我因为埋首几次大考，和很多之前的朋友的关系都淡了，在新的环境交到了新的朋友但联系也不多。相比于朋友圈中不少人经常和朋友在一起，我更多的是"忙"：工作、画画、跑步、烧饭等。一方面，我有自己的计划，另一方面，我喜欢做的事情大多是自己可以完成的。我是不是一个人太久，没什么可以腻在一起的朋友了？我需要改变吗？怎么改变呢？

放眼看未来 20 年，真正能剩下来的好朋友是极其有限的，我的高中同学中，剩下的朋友不足 5 个，大学同学中只剩下了 2 个。我和这些朋友的联系频率非常低，无论是线上还是线下，但是只要有机会在一起，就会发现有很多可以交流和分享的东西。

虽然我不善于去主动交际，但是平时乐于分享，与人交往时真诚公平，所以在十几年的工作中也"剩下"少量的朋友。大家的关系更多的属于相互敬仰和尊重。

我在高中、大学、工作中剩下的这些朋友，加起来总数最多是 10 来个。我们很少刻意维系关系，日常和节假期间的寒暄也很少。

但是一旦碰到要交流、分享和沟通的时候，我们会像当初在一起的时候一样，迅速地回归零距离接触，用彼此熟悉的语言，交流新鲜的信息。

我们在一起的沟通，信息数量极少但是质量很高。彼此之间没有太多利益瓜葛，所以相互交往都极其轻松，又能彼此受益。

我在生活中没有感到太多的孤独，碰到艰难的时刻，也有朋友会挺身而出，给我极大的支持和鼓励。从这个意义上来说，这些"剩下"的朋友人数虽少，但也足够地精。

我们很难站在自己的角度去评价其他人，每个人都有选择自己生活方式的自由，我们可能有很多种活法，没有哪个活法一定对，哪个活法一定错，但我们都有选择和被选择的自由。假设每个人的生活像一台有生命的机器，那么我们的交友原则就像一个筛子，随着我们逐步成长，我们越发知道自己需要什么样的朋友，这个筛子会越来越成型。那些经历岁月，被这个筛子过滤留下的朋友，是我们人生真正的朋友。当然，你在筛选他人，他人也在筛选你。

你真正要在意的不是刻意维系，而是确保自己的生活和择友的原则越来越明确，确保在和朋友交往中保持平常心，不要冷漠，也不要用力过猛。这样经过多年之后，那些"剩下"的朋友可能屈指可数，但是你和他们的内心距离不受时间和空间的隔离，这是很美好的感觉。

如果说要在意什么事情，我建议你多分享自己的状态和想法，多主动地助人。人有三种活法：第一种像黑洞，不发光，吸收一切光线；第二种不发光，但是反光；第三种发光发热。我建议你至少能做到第二种，即使不发光，也能反光；最好能做到第三种，主动地发光发热。如果你能成为发光体，主动去用自己积极的生活态度影响身边的人，那么即使你不去刻意维系友谊，你的生活态度和原则依然可以帮助你筛选出那些认同你生活态度和原则的人。

有原则、求上进的人也许是孤单的，但只要注意主动地发光发热，就会变得不孤独。

"大龄剩女"还要折腾吗

辉友7：

新的一年总是有新规划，我想向您咨询关于职业规划的事宜。我今年28岁，毕业5年，从事IT-ERP业务分析1年，目前在老家一家非常有前景的新能源企业工作。这一年个人成长还挺快，也陆续带领了2个小项目，利用业余时间考了PMP。4年前回到老家，没有想过有一天我还会想出去。今年我冒出了这个念头，这里的工作负担太重，每个月加班时长达100多小时，没有个人的空闲时间，用来学习和提升的时间也特别少，这是我想离开的第一个原因。第二个原因是职业规划，不想一直做运维，想去做项目，做外部咨询。我怕我自己没有想清楚，因为以前也做了很多错误选择，因此怀疑自己的选择能力，也害怕自己的一时冲动，我不知道该怎么去寻找心底的声音。网络上大家都会问：大龄剩女在老家有份不错的工作，再找个好人就完事了，为什么还要去折腾？为什么？我要如何给自己一个正确的答案？

对于你的问题，我的回答非常明确，有如下两点。

第一，不要给自己贴标签。

第二，要折腾，最好一辈子。

我有时突然想到，自己已经快 40 岁了。人们常说"四十不惑"，但我为什么还总是困惑呢？每年都有困惑，每隔两三年一次大困惑。我经常对工作、生活、生命的意义之类的问题产生根本性的困惑。我有时会怀疑：当前所走的道路是否正确？当下是否投入过多精力在挣钱上而不是理想上？是不是应该从事更多发挥思考优势的工作？或者是不是应该去做一个全职的作家？

为什么我这马上 40 岁的人，一点没有 40 岁的"不惑感"呢？为什么还这么不安分呢？

后来我想起《傅雷家书》中的一段话："人一辈子都在高潮、低潮中浮沉，唯有庸碌的人，生活才如死水一般……只要高潮不过分使你紧张，低潮不过分使你颓废就好了。"

所以，我并不孤独，类似的内心跌宕起伏也出现在很多前人尤其是我佩服的人身上。

所以，我不再给自己贴 40 岁的标签。

你也有自由不给自己贴"大龄剩女"的标签。

前段时间看到一组日本数据，很大比例的日本人终身未婚。按照我们"大龄剩女"的标准，这些人是不是都不该出来见人？

怎样才能真正由内及外地摆脱"大龄剩女"或者 40 岁油腻男人的标签？一定要折腾自己。

折腾并非瞎闹，而是对这个世界永葆好奇，直到终老。比如我自己，我计划这样跑下去，直到无法跑动；我计划这样写下去，估计会到终老的那一天。

美国作家戴维·希尔为父亲写了一本传记，中文名叫《人生谢幕前，请全力以赴》，英文名 *The Thing About Life Is That One Day You'll Be Dead* 更加有启发，直译过来是：生命的真相是你会在某天死去。

该书的扉页上这样写道：

"父亲年过 90，依旧热爱生命，精力旺盛得有点过了头，身体比正值壮年的我还皮实。他 9 岁时被电倒在铁轨上大难不死；成年后经历严重车祸、失业、忧郁症及丧偶的打击仍奋力活着；86 岁时在球场上心脏病发作又延迟就医却逃过一劫……"

戴维·希尔说："生命仅有一次，我们只有活得义无反顾，才能活得无可替代。希望我们在认清生活的真相之后，依然能纯粹而热烈地活着。"

这也是我想对你说的话。

去折腾吧！如果眼前的生活一眼能看到尽头，你还能损失啥？

人生不止于谋生

所谓自由，并非对无聊生活说"No"的权力，而是真正理解生命的感召，顿悟自己人生的使命，去把更多的时间奉献于此。让我们更多地去感受美好，与美好相处，进而创造美好。

成年人的生活本该无聊吗

辉友 8：

我回顾自己的生活，感觉从上大学之后就不再有"我活着"的感觉，每天都像行尸走肉，感觉不到自己的存在，最近几年只有跳舞的时候才能真切地感受到"这是我""这是我独一无二的经历"，才能感受到快乐和成就感。以前上学的时候也有过这种感觉，感到学习各种新知识是让人陶醉的事情。但现在每天的工作和生活都十分枯燥无味，在工作中也是挫折多，成就感几乎没有，感到每天都过得毫无意义，每天苦苦熬着 8 小时的工作时间赚个生计。我想知道成年人的生活本就如此吗？怎样才能在工作中体验到我正醉心于此的感觉？我要怎么做才能更多感受到我活着呢？

夏尔·波德莱尔的母亲曾经写信给阿塞里诺："我们多么吃惊，夏尔竟想当个作家！"有人会说就该有梦想，但如果你仅是闭上了眼，那就只是个梦而已。

这段话来自抄表工刘涛的摄影集《走来走去》的序言（文/法满），令我感动，于是我把它发在朋友圈。而抄表工刘涛的故事是我在这里想跟你分享的。

刘涛毕业于职业高中，先后干过售货员等，最后在合肥自来水厂安身下来，做了一名普通的抄表工。抄表的时候，他不止一次听到小朋友的家长告诫小朋友："要不好好学习，长大以后就要像他一样去抄水表。"由此可见，这是一个受人鄙视的工作。从事这样的工作，是压抑的，看不到未来的。

刘涛在这种环境下找到了一种救赎方式：摄影。他怀揣理光 GRD3 相机，每天利用空闲时间不断地在合肥街头拍照，并发在微博等社交媒体上，直到被世人发现，受到央视、《时代》和 BBC 等媒体的关注和报道。

成名之后，他本可以离开自来水厂，但他没走。他对采访他的人讲："很多人的生活只是挣钱、炒股、打牌，然后最重要的是孩子，你为你的孩子付出所有，然后他又为他的孩子付出所有，生命就这么一圈一圈地轮回。"

记着问："会拍到什么时候？"刘涛说："我不会厌倦吧，如果有这样的爱好，那老年生活好有趣啊。""只要你做一件事，持之以恒，哪怕做木工、瓦匠，只要能钻进去，就不会愁吃饭。"

他几乎一直没有离开过合肥，他的月薪不过数千，30 岁的时候他才拥有人生的第一部相机，他一直从事卑微的工作。但是，他通过日复一日的摄影找到了人生的支点。他说："我特别不喜欢枯燥和乏味的东西。当抄表工作和街头摄影无缝对接时，我享受那种自由的感觉。"被别人鄙视的工作因为清闲而有很多时间在街头走动，这成了他珍视自由的理由。这是一种讽刺还是启发？

如果说人生有什么是最宝贵的，那么无外乎自由。我们穷其一生，追求的不过是自由。但在现实生活中，大多数人会不知不觉地忘记。就像我们每次时间不够时总会第一个牺牲睡眠一样，每当我们的生活碰到一些困难时，我们首先放弃的是自由和梦想。因为从短期看，你不会因为放弃自由和梦想而损失什么。你不会因此少买一个 iPhone，也不会因此而缺席马尔代夫的海滨之旅。

如果我们能及时清醒，把自由与梦想放在第一位，兴趣放在第二位，收入放在第三位，我们的选择可能会发生根本性的变化，可能会获得抄表工刘涛这样的收获。

相信我，停车场收费员的工作很快会被图像识别系统替代，抄水表的工作会被智能水表替代，还有你那枯燥乏味的工作，也会迟早被人工智能所替代。

但什么不会被替代？你真正的兴趣不会被替代，你能感受到自我的事情不会被替代，你能感受到人类自豪感的事情不会被替代，你能感受到自由的事情不会被替代。

这些事情，开始不会有人在意，大家很可能觉得你在玩，既不严肃，又不挣钱。但是，如果你真正爱一件事情，这件事情很可能会在你今后的人生中成为坚定的支点，带给你力量，带给你平静，带给你自由感，也会带给你物质回报。

就像刘涛所言："只要能钻进去，不会愁吃饭。"

我不鄙视金钱，我很在意金钱，金钱是我们通向自由的必备资源，但要注意我们获取金钱的方式，开始可以用时间去换金钱，但不要持续太久。不要用自由去换，也不要用兴趣去换。

我在四五年前对工作本身也产生过强烈的怀疑，因为看不到尽头，也看不到出路。在向外界寻求解答无果的情况下，我开始和我自己交谈：我究竟喜欢什么，擅长什么，未来希望过什么样的生活？

显而易见，我无法过行尸走肉的生活，我无法抑制自己敏感的心，我必须找一条自己喜欢的路，也许是大多数人都没有走过的路。就这四五年的感受来看，我应该选择了正确的方向。

虽然工作忙得天昏地暗，我依然坚持每天运动和写作。运动让我感受到生命的律动，而写作让我获得心灵的自由。当我敲击键盘时，我的心是自由的。

如果你已经找到跳舞这样的途径感受自我，那就坚持下去。慢慢花更多的时间、更多的精力去练习跳舞。并非所有人都能通过练习成为舞蹈家，但是，在一种能感受自由的形式中处得越久，你就越能明白你人生的意义。某一天，你会豁然开朗，你会明白你人生的真正意义、你人生的使命，一种无论是现在的你或我都无法准确说出来的状态。但我知道，只要这样坚持下去，就有希望。

说到底，我们无法理解为什么世界上有那么多无聊的人，从事无聊的工作，最后没有给这个世界太多真正的价值，而且每天忙于勾心斗角。

所谓自由，并非对无聊生活说"No"的权力，而是真正理解生命的感召，顿悟自己人生的使命，去把更多的时间奉献于此，让我们更多地去感受美好，与美好相处，进而创造美好。

创造美好的人，不会被生活怠慢。而每天感受美好的人，也会学会创造美好。

如何战胜无力感

辉友 9：

我目前在上海从事的工作是病房护士，30 多岁，这份工作让我很没有职业发展感，无止境的夜班、倒班让我身心疲惫，一直都有转行的想法，但不知道自己能做什么。别人休息的时候我们在上班，别人上班的时候我们在休息，最主要的是工资还很少，感觉看不到头。我觉得未来可能一直都是这样了，每天上班、下班，做着重复的机械工作，我知道可能其他的工作也是这样，可是我真的想改变，但始终鼓不起勇气脱离这个舒适区。业余的时候我喜欢阅读、写东西，可也只是随便写的。最近又有个同事辞职了，我在这个医院待了已经 6 年了，是不是很忠诚？有时我也想，我为什么能在一个工资少还累的岗位上做这么久？可能还是习惯吧，习惯了这里的人和事。我已经 30 多了，已经不再年轻，已经没有年龄上的优势了，身边也都是"90 后"，感觉自己真的有点格格不入。其实我不敢变动还有一个原因就是自己没有结婚，但有男友，这个年纪再继续找工作，用人单位又会考虑结婚生孩子，有时候感觉自己真的很尴尬，为什么不早点结婚，不早点换工作？可是这些都不是我能控制的。写得有点乱，但我是真的迷茫，最近想转医美咨询，但本职工作就不能做了，现在我还在备考中级职称，可是又有什么用呢？考过了还不是做护士，一直做到退休？真的很心累，没有方向感，希望辉哥能帮我分析一下，万分感谢。

从你的来信中我能看到一种蔓延的无力感，而非一个具体的问题，既然如此，就没有一个简单的答案可以解决这种无力感。这是我在看到这则消息很多天之后才决定写点东西的原因。

因为没有一个简单的答案，我尝试把你的状况变得更糟糕一些，看看在这种情况下会有什么转机。中国古代有很多成语、故事，比如绝地逢生、置之死地而后生、破釜沉舟等讲述类似的情景：在事情变得更糟糕的情况下，人反而容易被逼出潜能，找到生机。

什么样的问题更加困难呢？我先从人会因为什么因素而困惑谈起。一般而言，有三种事情会困扰我们：一是工作（事业），二是感情（家庭），三是年龄。所以我们尝试从这三方面去把情况变得更加糟糕。

设想一下你保持目前的状态不变，还在这家医院，还做着护士工作，一个收入不高、工作辛苦，也看不到太光明前途的事情；同时设想一下你情路不顺；再设想一下你已经50岁，而不是30多岁。

怎么样，当一切都不发生任何变化，只是把年龄变为50岁，你会不会更加焦虑、更加无力？我想会的。虽然很多人在30岁以后已经不再变化，每天只是重复过去的日子，但是当你和他（她）认真地谈起工作、感情和年龄时，他（她）还是会非常难受的。

好，真的假设自己现在已经 50 岁，一直过着很担忧但又无可奈何的日子，也看不到变化的可能，你会怎么办？

我们只探讨一种可能：在你的余生，不顾一切，不问东西，就做好一件事情，比如健身，比如画画，比如写作。因为你对现状依然感到困惑，说明你还不死心，不希望一生就这样过去。所以我们来做最后一次尝试，如果这次失败，我们就彻底死心。

假设我们从 50 岁这一年开始，坚持每天去健身房锻炼 1 小时。因为这是你人生最后的努力，所以我认为你有足够的时间、资源和动力坚持下来。坚持 1 年会发生什么变化？如果是 5 年、10 年、20 年、30 年呢？根据我的认知，只要坚持每天去健身房达 1 个月，身体的感觉就会发生明显的变化。

王德顺大爷就是从 50 岁开始才进健身房的，雷打不动地坚持了 30 年，所以能在 80 岁高龄时依然活跃在各个舞台上。你在他身上看到的不是老朽的气息，而是青春的活力。

你可能会说，王德顺早年就是演员，有功底。的确如此，但这并不妨碍我们的结论：从 50 岁开始每天坚持健身，坚持 10 年以上，身体条件一定比不坚持运动好，一定比大多数的同龄人强。

这样的坚持到底有何意义？我们会因此变得更富有，变得更加有名？很难讲，99% 的可能不会，你还是你自己，你还是一样的卑微。

那这样的坚持到底有何意义？我想我们至少借着这个举动，对自己宣布一件事情：我可以改变自己，哪怕只是身体的一小部分。

我们是有机会通过内心的动力改变自己的，哪怕是一点点。

我必须承认，我无法解答你的具体问题，比如工作选择，比如感情，比如年龄带给你的焦虑。但通过思考你的来信，我想清楚了一个问题：我们在任何糟糕的境地下都是可以做选择的，当这个选择足够具体、足够聚焦并且你能够坚持这个选择时，生活会有意想不到的改变。

怎样能做出改变自己命运的选择呢？我们不妨把情况想得更加糟糕一些，逼迫自己只去做一件事情。对于我，可能是健身或写作；对于你，可能是练习瑜伽或学习跳舞等。

记住，只做一件事情，要坚持去做，也不用和别人去比，只是去尝试战胜自己的惰性。在更加糟糕的情况下做出一个选择并且坚持下去，我相信每个人都会找到一个全新的自己，一个可以掌控自己、改变心态的自己。

从这一点突破开始，你会发现很多问题的答案。

好了，回到今天，你还是30岁出头，你还有一个男朋友，比我们刚才假设的情况好很多。从本周开始，就去坚持做一件小事吧。坚持做一个月，你的感觉会好很多，坚持一年，很多你今天的问题，都自然会有答案。如果你无法坚持做任何一件小事，那么我的任何具体答案都是没有意义的。

有些时候生活好像陷入了四面楚歌的困境，这会带来强大的无力感，你会因此觉得陷在那里无法动弹，战胜这种无力感的最好方式就是去做一件自己可以掌控的小事，通过这种小事获得掌控感，然后找到出路。

怎么培养自己的洞察力

辉友 10：

辉哥常常能跳出事情本身，在元认知领域去探讨现象，让我如醍醐灌顶，怎么做到的呢？怎么训练自己这方面的能力呢？有没有方法？

有一个词可以概括你说的这种能力：直达本质的能力，即洞察力。这里我就来简单谈一下我自己是如何培养洞察力的。

首先定义一下洞察力，其实很简单，就是反过来说：直达本质的能力。有人会问：这不是绕圈子，把自己给绕进去了吗？且听我解释：我需要在文中反复引用一个简短的词，而非一个短语。所以，我需要引入"洞察力"这个词。但是我又不能不加解释地去使用这个词，所以我要重新分析"直达本质的能力"这个短语。这个短语分为三部分：第一，直达，所谓直达，就是披荆斩棘，直截了当，不在重重迷雾中迷失，不在迷宫中走投无路；第二，本质，就是事情的原本面貌，可不要小看原本面貌，信息传播的过程，就是本质丧失的过程，所以，我们看到的信息，基本上都不是本来面貌；第三，能力，能力是指有稳定的概率可以直达本质，而不是一次碰巧。这个是实实在在的，表明这个人掌握了可以重复的本领。下面的讨论就围绕这三个要素展开。

怎么培养直达的能力。

（1）尽可能接近信息的源头。

凡事皆有源头，比如一本书，有人会用一篇文章来概括，这篇文章就是间接的知识，如果你通过这篇文章对这本书产生了兴趣，那么就一定要去阅读这本书。也许到最后，你所得出的结论还是这篇文章的观点，但你此时对于这本书的理解，已经远远超出当初看这篇书评的时候。

在朋友圈经常有很火的文章，这些文章往往是翻译、编辑而来，取自国外的媒体。这时候，如果你稍微用点心，就可以找到这篇文章的源头，可能是 Medium（国外的博客网站）上的一篇博客，可能是 Instagram 上面的一些照片，可能是 YouTube 上的一段视频。转载是轻松的，转发更容易，但是，如果你愿意花 5 分钟，而且不怕英语等外语，你就可以直达信息的源头。

（2）和厉害的人对话。

厉害的人厉害在何处？我看他们经常有一句话直达本质的能力。我在工作中有机会接触到不少厉害的人。近距离和他们交谈的时候，发现其思考非常深入，往往让我有"听君一席话，胜读十年书"的感觉。

我曾碰到的一个厉害的人，两三个月时间，我听他讲自己公司的 BP（商业计划书）已经三遍了，看起来 PPT 更新的部分不多，但是每次听他讲，都有 30% ~ 50% 是新的信息。而每次新的信息又把我的思考引入一个新的深度。和这样的人交流，你能提高得很快。

我有一个特点，就是有很强的模仿和学习的能力，小时候，班里来了一个数学很厉害的人，每次我很费劲地复习，他看起来都不用复习，但我每次都考不过人家。后来我花了一个假期，看完了一本《一题多解》，之后的数学考试，我就彻底翻身了。

和高手多切磋，你会不自觉地去模仿、去学习他的思考方式。所以，不断地去识别、发现和接近你身边的高手，是训练自己思维的一个好途径。

你要去寻找和创造这样的环境，让自己有机会和厉害的人对话。当然，前提是你自己也要不断地提高自己。仰望是没有用的，要不断锻炼自己，这样才有和高手切磋的机会。

（3）从反面去思考问题。

关于从反面去思考问题，查理·芒格讲了很多，他的《穷查理宝典》，差不多一本书都在讲这种思维方式。

他举的例子是：如果我知道自己要在哪里死去，那我一生都会避免去那个地方。我们能预测自己在哪里死去吗？不能。所以，这个极端的例子只是用来强调反面思考的重要性。

另一个例子，我最近和朋友一起打《部落冲突》游戏，我发现这个朋友的分数涨得很快，有一次我实在忍不住问他："你最近打游戏很猛啊，有啥秘诀？"他有点不好意思地对我说："辉哥，不瞒你说，我的进攻能力不行，但是防守很强。我打不过别人，我就不去打，只练防守。而其他人一看我很简陋的围墙，都以为我是软柿子，结果一打，还真不是这么回事。所以我经常被动涨分。

再以投资为例，巴菲特说过两个最根本的原则：第一，不要亏钱；第二，记住第一条。很多人一想到投资，就想到要去挣大钱，你没想到股神原来是以"不亏钱"为原则去思考的吧？

这就是从反面思考，几乎每件事情，你都可以这样思考。

（4）不要在朋友圈寻找真知。

有一句话叫"You are what you eat"，意思很直白，就是你吃的东西，造就了你的身体。同样，如果把大脑看成身体，那么知识就是大脑的食物。而我们每天恋恋不舍、花费数小时的朋友圈，其信息质量如此参差不齐，我们的大脑如果每天的主食都是朋友圈的信息，怎么期待它能变得很强？

另外，朋友圈这里也是一个隐喻，暗指大众思维。关于这一点，我只有一句忠告：你想要的成功，永远都是极少数人才能实现的。为了达到这极少数的水准，就要和大众保持足够的距离。

怎么培养分析本质的能力。

（1）把思考的时间范围拉长，尽可能拉长。

如果你只想今年的事情、只想这个月的事情，那么我保证你很难在 10 年后得到满意的结果。比如关于买不买房，有些人看到的是房子在过去 10 年一直在涨，一线的房价在过去 10 年涨了快 10 倍，在过去的 12 个月，有很多小区的房价涨了 50% 以上。所以他们会问：如果我今天不买，以后会不会买不起？

比如，我希望你问自己一个问题：房价 10 年后会怎样？房价 30 年后会怎样？不好思考吧？那我们就"顺推"。如果房价保持目前的涨势，10 年不变会怎样？30 年不变会怎样？就以你目前居住的小区为例。如果你能把 10 年、30 年后的事情想清楚，今天做什么样的决定就不难。

关于财务自由的问题，也非常适合拉长时间去思考，不要想 5 年后退休，想象 30 年后自己的理想状态应该是什么？有多少收入来源？是随着年龄增长不断地增加收入还是减少收入？什么样的收入可以随着年龄增长不断增加？

基于这种思考，你会反思自己今天对于时间的分配。

所谓长线思考，就是"树木思考"。两年前我去云南腾冲，当地有一个银杏村，村子里很多百年银杏树。那里每年吸引很多游客，旅游成为了当地的主要经济来源。而银杏树浑身都是宝，叶子和果实都能卖钱。我们在一家院子里的银杏树下吃了午饭，席间不断地感慨：真是前人种树，后人乘凉。

站在今天想未来，我们要做的，就是为自己的 20～30 年后，种下这样的银杏树。

关于长线思考，除了巴菲特，还可以学习 Facebook 的 CEO 马克·扎克伯格，他总是能做出惊人之举，比如在 2012 年，以 13 亿美元收购由十几个工程师创立的 Instagram，在大家还不知道 VR 为何物的时候以 20 亿美元收购 Oculus VR 公司。如今看来，Facebook 对 Instagram 的收购已经变成了一笔非常划算的生意，而对 Oculus VR 的收购效果还需要时日去判断。为什么他能做出如此果断的大手笔？原因在于其长线思考的能力，据相关报道说，他总是习惯于在一个世纪的长度上思考问题。所以，在这个长度上，他做出很多惊人之举就不奇怪了。

（2）筛选最重要的影响因素，尽可能地少。

这个世界上有很多东西内含复杂因素，其原因多种多样，最典型的就是股市。如果有一个股价的方程式，其参数会非常多。

但是，基于复杂的公式，我们很难看到事物的真相。所以我们有必要做抽象，即剥离绝大多数影响因素，只思考最基本的事实。

比如中国的股神段永平，他对于一个公司是不是好公司的判断，其实就是一点：这家公司的赚钱能力强不强？我们太相信抽象的东西，以至于忽略了这才是判断公司好坏的根本标准。而我们要不断买入和持有的股票，也就是这样的寥寥少数具有极强的赚钱能力的好公司。

靠着这个标准，基本上可以筛选掉90%以上的公司。

有一个实验，其实也是生活技巧，我们可以学习一下，就是"黑屋实验"，这是我自己起的名字。这个技巧来自美剧 CSI（《犯罪现场调查》）。其中很多场景都是在黑夜的时候，侦探独自一人拿着手电筒返回犯罪现场寻找痕迹。我自己尝试用这种方法去寻找一些被遗忘在角落的小物件，比如钥匙。我也用这种方法在地面上寻找打碎杯子后遗落的玻璃碴。

当你无法在一个明亮的屋子里找到小物件的时候，就可以用这个"黑屋实验"来寻找。这个方法为什么有效？因为黑屋加手电可以让你忽略掉99%以上的干扰因素。

（3）只相信最基本的事实和原则。

我在 Motorola 的时候，有一次 CM（配置管理工程师）和老板在办公室里很热烈地讨论着，我正好路过，听到他们在为一件事情苦恼：某产品正式版本的发布已经被延迟了3天，原因就是"冒烟测试"总是失败：浏览器 App 在测试版本中没有问题，但是正式版本总是无法启动。查了3天，几乎掘地三尺，也没有发现问题所在。我自告奋勇，主动提出去帮忙找问题。

我开始用二分法去查找测试版本和正式版本的区别，最终锁定在一个版本文件上。Diff 命令（查找文本文件差异的工具）显示在正式版本和测试版本中，唯一的差别就是这个版本文件，但是我们开始一直没有怀疑这个问题，原因在于：第一，这个文件用 Diff 命令看起来没什么问题；第二，这个纯文字的版本文件怎么会影响浏览器 App 的启动呢？简直天方夜谭。

查了一下午，还是没有结果，最后我祭出一个大招，即基本原则：差异来自差异，差异导致差异。在这个原则下，我们只能重新审视这个文本文件。我们用测试版的版本文件来替换正式版本的版本文件，结果搞定了。

所以，问题就是出在这个只有一行的版本文件上。我们继续用别的 Diff 工具查看，发现两个文件的确不同，只差了一个看不见的回车符。在命令行界面下，即使 Diff 命令发现了这个不同，也无法很清楚地显示出这个看不见的字符。

更进一步，为什么浏览器 App 的启动会受这个版本文件的影响呢？我打电话去找做浏览器 App 的工程师咨询，发现他们的确在启动时会检查这个版本文件，确保版本的一致性。但是问题在于他们一直认为这个文件就是一行为假设，从来没有考虑这个文件可能会多出一行，而且是一个看不见的回车符。不严谨的代码和一个无心的回车符导致了正式版本的三天延误。

这个问题让我强化了两个想法：第一，差异来自差异，差异导致差异；第二，只相信最基本的事实和原则。

请记住，但凡你碰到一个百思不得其解的问题时，往往是你内心中有一个或者多个假设，这些假设大多数时候没问题，碰到极端案例就会出错。碰到这种困境时，你要把自己内心的种种想当然的假设一一列出来，然后一个一个划去，划去那些假设，只接受真正没问题的公理。好在这个世界上公理不多。

怎么强化能力，形成稳定的胜率。

（1）尝试否定自己。